1900年以来的室内设计精品

KEY INTERIORS SINCE 1900

［英］格雷姆·布鲁克　著

谢　天　译

中国建筑工业出版社

著作权合同登记图字：01—2012—8379号

图书在版编目（CIP）数据

1900年以来的室内设计精品 / （英）格雷姆·布鲁
克著. —北京：中国建筑工业出版社，2017.11
ISBN 978-7-112-20987-3

Ⅰ. ①1… Ⅱ. ①格… Ⅲ. ①室内装饰设计－图集
Ⅳ. ①TU238.2-64

中国版本图书馆CIP数据核字（2017）第166814号

责任编辑：程素荣
责任校对：王宇枢 王 烨

1900 年以来的室内设计精品
［英］格雷姆·布鲁克 著
谢 天 译
＊
中国建筑工业出版社出版、发行（北京海淀三里河路 9 号）
各地新华书店、建筑书店经销
北京锋尚制版有限公司制版
北京富诚彩色印刷有限公司印刷
＊
开本：880×1230 毫米 1/16 印张：16 字数：559 千字
2018 年 2 月第一版 2018 年 2 月第一次印刷
定价：**158.00 元**
ISBN 978-7-112-20987-3
（30610）

目 录

第 3 章　商店

第 4 章　展示空间

第 5 章　休闲空间

第 6 章　文化空间

导 言
非同寻常的历史

历史只是构成世界的众多篇章之一，这些篇章并不创造世界，但它们却实实在在地占据着世界，并赋予它各种内在的含义。[1]

本书通过介绍 1900 年以来的一部分室内空间作品，概述了现代室内建筑与设计的历史，所介绍的每一个室内空间都独立地存在于已有建筑的围合当中。尽管在每一件作品中，建筑空间和语境都发挥了作用，但室内空间一直是以历史性和风格化的独立姿态创造而成。因此这些室内作品构成了或许被称之为"典范"的

室内空间形式。换而言之，室内空间的创造通过改造的方式——独立于，甚至同时是对立于包裹它们的空间——非常清晰地表明了室内建筑与设计的原型。

室内建筑与设计的历史通常被认为平行于建筑的发展史。但是，创造室内的进程明显区别于创造建筑的过程，建筑的进程在于"新的建成形式"是一种主要的空间表达形式，而室内空间的创造通常建立在对已有空间和建筑的理解力与耦合连接工作基础之上。不管这种现有的空间组成是一

对页图 根特的弗莱休斯（The Vleeshuis in Ghent），比利时，由库斯和戈里斯事务所（Coussée & Goris）设计：来自佛兰德（Flanders）的产品质量提升中心，建造于一个中世纪的食品大厅中间。

上图 弗兰克的咖啡厅（Frank's Café）的效果图，设置于佩卡姆（Peckham）一座多层停车场的屋顶上的一个临时餐厅，伦敦，英国，由实践建筑师事务所（Practice Architecture）设计。

座真实存在的建筑物，还是只是画在屏幕或纸张上的方案轮廓，给定的空间经常为设计提供动力，从而创造室内空间。因此，室内建筑与设计的历史不能完全被描述为建筑的历史——建筑所包围的空间。

这种方法将许多通常被视作"经典"的现代空间案例排除在外，其中还包括一些室内空间，这些室内空间通常用于描绘建成环境的宽泛历史进程。尽管如此，建成环境的通史以及相关规范已经广泛普及。仅仅是希望这种方法能够让室内空间的历史被视作

是一个独特的实体，它独立于其他已建立的建成环境历史观念——尤其是建筑——并促进既有建筑空间内的室内空间设计学科的发展，形成自己的空间和历史话语。

人们普遍认为室内设计是一种多学科和多样性的实践形式，其中涉及各种建成环境的专业人士，涵盖了设计师、建筑师、装置艺术家，装饰师和环保主义者。它是一个专业研究领域，主要致力于创造各种环境，表达多重环境的空间功能和识别性。

这种室内空间的理解方式

涉及各种宽泛的调研——它触及各种空间主体，包括建筑物，环境，人类聚居地，透视法（scenography），行为环境以及涉及材料（materiality）与身体的各种问题。它也许涉及很实用的问题，如构造；它也许涉及很专业的问题，如心理问题或室内空间的氛围。无论室内空间显现的是形式还是功能，无论它表达的是什么特性，最终的产物是各种不同类别的空间理解方式和实践形式。

建筑物的改造

室内设计师通常采用两种方法：第一种是融合，即室内与建筑原主体结构密不可分，其图案、造型、肌理和照明都是建筑的组成部分，追求建造的品质和纪念意义。第二种方法可以称之为"叠加"，即要求室内空间更加灵活易于改造，甚至是转变功能而且不损坏暂时栖身其中的建筑。[2]

改造现有建筑从而获得室内空间要求设计师从现有环境中获取信息，从而挑选并确定如何建造和形成空间。正如休·卡森（Hugh Casson）在他那本 1968 年出版的著名室内设计专著《构成要素》（Inscape）中所提到的，室内空间以两种方式呈现：一种是一体化的室内，新旧部分难以区分，另一种是突出室内部分，在既有的空间内部创造一个迥异的层面。无论采取哪种方法，已有空间和新建空间紧

密相连，互相呼应其特质。

室内空间的另一个显著特征就是它与居住和使用密切相关。室内空间通常被视作居民文化与生活的标志。如布尔迪厄（Bourdieu）所述：

室内标志了主体的观点，主体与自我以及主体与世界的关系。[3]

室内空间限定了人类的日常生活方式。不同的空间会激发不同的反映，这取决于空间的功能、组织、历史氛围、环境和物质条件。活动的中心是"房间"——围合的空间，表现为各种功能形式。在本书的各章节中，"occupancy"用于描述用途而不是功能，这是为了能够创造一种更加宽松、暧昧的居住形式，它通过改造现有建筑从而产生新的用途来体现。

功能主义的准确定义——现代主义的核心法则——通常

否定了空间的暧昧性，正如那句著名的格言"形式追随功能"所昭示的。然而，在改造建筑的过程中，功能成为了设计流程中一项极易变化的元素。新的形式将追随新的用途，而不是追随过去的功能，尽管它可能会受到建筑历史的形式的影响。因此，可以通过用途的造型更准确地描述建筑的改造。鲁道夫·马查多（Rodolfo Machado）在他的开创性文章"重写旧建筑"（Old Buildings as Palimpsest）中清晰地阐述了功能主义和形式的关系：

另一项能够提升批评（改建）潜力的要素是建筑的"类型"（type）观念。尽管这很容易让人以为改建就是类型的转变。考虑到现代运动的前提是趋向于类型观念的对立面，这也许是改建所提出的最关键的功能。[4]

左图　来雷尔建筑师事务所（Lehrer Architects）自己的办公室，至于美国洛杉矶银湖一个开敞平面的库房中。

下图　位于意大利佛罗伦萨维特多利亚的尤纳旅馆的接待室，由法比奥·诺文布雷（Fabio Novembre）设计，入口区域以圆环为主题，马赛克瓷砖贴面由接待区域延伸至桌面。

室内经典作品

与历史的线性组合发展相反的是，经典作品可以由各种不同的风格叠加组成，看似不同的类型，不同时期的结构和文化能够汇集在一起共同形成一个独特的理念。[5]

经典作品是历史中的一系列重要作品，其发展总是具有争议性。室内空间作为一种学科，其概念总是模糊不清且不断变化的，它处于如此一种状态：既辩证地要求灵活多变的设计理念，又要求不断地重新定义主题——我认为是一种确定的属性。室内学科伴随着其理论基础和历史的发展必须得到详细地阐述，以此来强化其本身的重要学科的概念。

室内建筑、设计和装饰通常被视作不需要太多智慧的工作，室内的训练和理解也通常凭借空间的、社会学的和文学理论和假设，所采用的理念也并非绝对适合，因此，它反过来制造了一种哲学"同一性"的缺失，这种同一性有别于其他建成环境学科。这一结果导致了涉及学科独特历史和理论方面严肃出版物的稀缺状况。

电视媒体以及化妆美容节目中的酷炫室内，尽管误导了这一学科，但同时也暗示了人们对它的诠释和消费的一种倾向。此事此刻，在英国、美国以及全世界，这一学科获得了独一无二的地位，它允许人们通过既有的或者全新的标准进行批判性的评价。我希望本书不仅为大家提供这一领域亟需的知识体系，也在这一关键时刻为大家补充一些变化，概述学科的历史。

关于本书

如前所述，本书是围绕着"用途"的形式展开论述，六种空间类型的描述构成了本书的各个章节，希望其内在的模糊性能恰当地体现室内空间与建筑围合空间之间松散的关系。这六种用途的空间形式为：住宅、工作室、商店、展示空间、休闲空间和文化空间。每一章节包括一个导言性的背景短文介绍，阐释每一类型空间的理念和发展历史。之后是一系列历史和当代室内作品经典案例，并进行了详细的分析。每一案例分析都进行了背景分析：地点、场所、室外或建筑围合主体的分析，随后进行了详细的考察，在既有建筑内部建立它的各种联系和定位，它的形式和结构，细部和装修，氛围，色彩和材料。这些信息围绕以下四个标题进行组织：背景、理念、组织和细部——即室内空间设计流程的4个重要阶段。图表、草图，如平面图和剖面图，附图，素描和照片始终配合着案例分析。

1 Keith Jenkins, *Re-thinking History*, Routledge, 1991, p.5

2 Hugh Casson, *Inscape*, Architectural Press, 1968, p.17

3 Pierre Bourdieu, *Distinction: A Social Critique of the Judgement of Taste*, translated by Richard Nice, Harvard University Press, 1984, p.128

4 Rodolfo Machado, 'Old Buildings as Palimpsest', *Progressive Architecture*, November 1976, p.49

5 Suzie Attiwill, 'What's in a Canon?', in Edward Hollis et al. (editors), *Thinking Inside the Box: A Reader in Interiors for the 21st Century*, Middlesex University Press, 2007, p.65

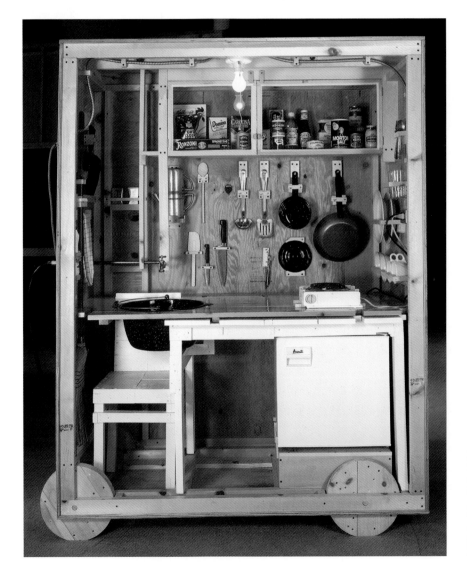

左图　艾伦·韦克斯勒的汽车住宅（Allan Wexler's Crate House）厨房，这是一个实验住宅，内部根据居住空间的需要划分为不同的基本要素。

生活体验与空间体验无法分离。[1]

住宅清晰地表征了不断变化的社会活动形式的本质特征，住宅的这一特质远胜于其他室内空间。家庭空间折射了它的居住者的个人特征——他们的价值、渴望的标志，他们的性格、文化和生活习性的记录。因此改造建筑以适合新人居住总是重点强调空间中鲜活的体验和新用途之间的关系和联系。

家庭空间包含了一系列具有不同家庭功能的房间，如烹饪，餐饮，睡觉，休闲和洗衣等功能。家庭还包括了其他更神秘的功能，如记忆，收藏物品以及具有感情色彩的物件——即日常生活中仪式化的约定俗成的物品，它代表了个人，不仅对其自身如此，对他人也如此。因此，将一座建筑物改造为住宅，它所包含的意义，从过去、现在到将

来，物质和非物质的特征交织在一起。这都是设计师需要选择和组织的环境和条件。如多丽丝·萨尔塞多（Doris Salcedo）在上句引言中所说的，空间和生活体验如此纠缠在一起以至于无法拆开或分离他们。在已有建筑中建造一座住宅也总是涉及已有的和即将拥有的生活体验之间的混合与控制。

进化的表皮

建筑空间内部除了结构的、装饰的、表皮的定义之外，即是室内部分。室内空间通常是通过装饰来定义的，即建筑"外壳"（shell）的内部用软装饰"材料"（stuff）覆盖的部分。[2]

住宅的历史，源自于已有建筑的改造，叙述了过去、现在、未来之间的关系。1792年和1823年间，约翰·索恩（John Soane）爵士设计的家庭

住宅集中体现了这种叙事性。约翰将林肯客栈区域的3栋连在一起的房屋改造成其家庭住宅。这座住宅内部的一个突出特征就是陈设区域摆设了索恩在旅行途中所收集的物品——他从1811年开始养成的一种习惯，他的这一嗜好被他的儿子所排斥，促使他进入建筑行业。

对后代而言，始于一种可理解的渴望发酵成为了一种痴迷的梦想。[3]

住宅中积累和展示一些传统的收藏品如版画和绘画，此外还有一些面具、铸件，甚至坟墓（埃及塞蒂法老的石棺安置在地下室）。每一件物品都仔细地陈列在室内，收集的物品数量之多体现了索恩痴迷于此的个性——狂热的收藏家。

在索恩的住宅中，收藏品囊括了过去的生活的体验和当前的体验。铸件、雕塑和圣物纪念品都贴附在墙体和建筑表皮上，形成了建筑围合墙

第1章 住宅

右图 索恩博物馆圆顶区域的收藏品东部，弗朗西斯·莱格特·钱特里（Francis Leggatt Chantrey）爵士制作的索恩的半身像放置在栏杆的中部。

体的内衬，创造了独立于已有墙体的表皮，并将历史的体验回馈于居住者。索恩的住宅是体现生活与空间体验之间密切关系的典型例证。它也表明了住宅室内本质上是一种表皮存在的观点，是建筑围合墙体的内衬——如查尔斯·赖斯（Charles Rice）之前所述，是室内空间本质的核心特征。

其他用途并接受新形式时，决定性的功能主义者的策略被极大地削弱了。尽管功能也许曾经创造性地塑造了即将被改建的建筑，但适应于新用途需要废除原有的功能，而原有的用途可能被认为是多余的。在改建过程中，功能是一个多变的要素。当建筑围护墙体改造为容纳一种新形式的用途时，新

的形式并不会追随过去的功能。相反，新的形式将会追随新的用途，当然也有可能被建筑过去的形式所影响。建筑的改造可以更准确地描述为用途的造型或仪式。当建筑的功能发生变化时，如重塑使用方式或产生新的用途，决定性的功能主义者的功能主义理念显得不合时宜。

左上图 玛格丽特·舒特-里奥茨基（Margarete Schütte-Lihotzky）设计的法兰克福厨房。

上图 百货大楼的装置作品"游牧妇女之包"，探索了城市生活的一种新方式。

下图 未来住宅，在1956年的理想家居展中的一个实验住宅，它预言了20世纪80年代的室内空间的可能场景。

现代主义与住宅

20世纪之初是现代主义风头正足之际，它关注于住宅空间功能之间的关系胜于关注其他——并因勒·柯布西耶那句臭名昭著的宣言"住宅是居住的机器"而达到了顶峰。[4] 机器的类比和它所体现的普遍流行的功能主义的精良品质避免了模棱两可的空间形式。功能主义作为现代主义的核心理念，其特征是严格的正统观念，即设计和建造建筑时有决定性的因素。它的格言"形式追随功能"表明了空间和用途之间的严格僵化的关系。

当人们改造建筑以适应于

左图 分裂住宅的一个"剖面",由戈登·马塔·克拉克设计,地点位于美国新泽西州的恩格尔伍德。图像效果来自于室内图片的拼贴。

上图 泽卡建筑师事务所(Zecc Architecten)将荷兰乌得勒支的一座天主教堂改造成一间宽敞明亮的居室。

但这并不是说现代主义在改造建筑的历史中不重要。在改造建筑时,通过技术革新,功能主义的机器美学在住宅室内空间历史中有所表现。配套设施技术的发展,如采暖工程,管道工程,照明技术和结构技术,以及新的空间设施研究将引领住宅新的创新和革命。在第一次世界大战以后的德国,有10000户家庭安装了法兰克福厨房(Frankfurt Kitchen),其目的是为了适应社会住宅项目现代化的需求。第一个成套的厨房是由玛格丽特·舒特-里奥茨基(Margarete Schütte-Lihotzky)在1926-1927年间设计的,目标是为了根本改变住宅空间,这是一个用于烹饪和备餐的房间,包括内置橱柜,集成电器,甚至还有折叠式烫衣板。所有的物品都经过精心的设计以创造一个高效省心的空间。这一空间的灵感来自于美国社会改革家克里斯汀·弗雷德里克(Christine Frederick)的空间效率研究。

整个20世纪住宅通常被视作一种思考的装置,未来的预言者,改革的主乐调。在1956年的每日邮件赞助的理想家居展中,英国设计师艾莉森·史密森(Alison Smithson)和彼得·史密森(Peter Smithson)在展览空间的大厅中设计并建造了一个带花园的单人房间。未来派住宅建造于1980年,由模压塑料中的夹板和金属片材料建造而成,配备了由暗装管道和地下采暖服务的内置电器。

史密森夫妇的设计构想了取之不尽的原始材料,他们的超前构想包括一个银箔屋顶用以反射强烈的太阳射线,以及与当地核电站的直接联系。这个核电站为住宅提供源源不断的能量。可移动式的家具包括一个可以移动到任何所需之处的厨房,包括一张不用时可以置入地板的床。

住宅象征未来的设想已经显现了这样的建筑观念:城市如何改变并影响用途的形式和城市生活的日常仪式。1985年,伊东丰雄(Toyo Ito)在东京涩谷的西武百货大楼设计了一个装置作品"游牧妇女之包"(Pao for the Nomad Woman),伊东丰雄解释如下:

当代城市居民不限于围绕住宅创造他们自己的生活方式,相反,他们的生活充满了浅尝辄止但又丰富的体验。[5]

这个帐篷支设在百货大楼的地面上,用以代表城市年轻女性居民的居住需求。这类女性每天在外用餐和社交,在剧院和电影院消遣,在健身房和健身俱乐部洗漱和锻炼。她的衣柜或是干洗店,或是她早出晚归的健身俱乐部的寄物柜。正如伊东丰雄所解释的:

东京的游牧妇女并不是在她自己私密的、与外界隔离的住宅中完成日常生活,而是在城市的任何一处完成的。对她而言,餐馆、时装店和城市设施都可能是她"生活"的舞台,就像聚光灯下的演员。[6]

伊东丰雄表示"包"是居住空间的一种恰当形式,因为它代表了现代城市快速发展的步伐。这种临时性的遮蔽物能够改用以容纳新的城市变化所需要的任何未来的发展状况。但摈弃了住宅空间的一些基本要素,如厨房,浴室和客厅,因为游牧妇女的饮食和社交都发生在住宅之外。她所需要的仅仅是一张睡觉的床。

现成品的住宅空间

万物不再以"空白的石板"开始，创造价值也不再以原始材料为基础，而是找到介入无数产品之流的方式。[7]

如果说20世纪以现代主义和正统的功能主义为标志，那么，回收利用、改造和预制观念是20世纪末和21世纪初的标记。回收利用，可持续和改造是一种迫不得已的观念，它认为世界的资源是有限的。它表现为建筑和产品的改造，其目的是为了容纳更多的用途，而不是拆毁并新建。已有建筑的改造暗含了一种类似于借用"已有"建筑的策略。目前流行的改造理念非常类似于将已有的部分进行修补，需要采用非常规策略和构件才能完成一项工程。非常规的选址和构件都能让住宅设计显得与众不同。这与文化生产的流行观点相一致，评论家尼古拉斯·布里奥德（Nicolas Bourriaud）将改造建筑比喻为电影的后期制作过程。

马塞尔·杜尚（Marcel Du-champ）创造了"现成品"这一术语：

再一次——希望在艺术和预制品之间放置一个基本金属元素锑——我构想一种"相互的现成品"：用伦勃朗（Rembrandt）的画作为烫衣板。[8]

现成品与现存的建筑同样具有适应和变化的特征。戈登·马塔·克拉克（Gordon Matta-Clark）将现有的建筑视为一种体验——他能"拆分"（undo）它们，并依次传达那些被隐藏或之前未被发现的空间与人类之间的关系和联系。在某些方面，他的作品探索了室内和室外空间的对话，并改变了建筑，因此它们不再解读为对话中直接对立的两极。他说：

决定性因素在于我介入到何种程度才能将结构转变为交流的模式。我将作品看作永恒变化之中的一个特定阶段，看作人类不断作用于空间的一个模型，如同空间不断作用于人们一样。[9]

他的最重要的既有建筑作品就是住宅，尤其关注室内和室外之间空间的开发。在新泽西州的恩格尔伍德"分裂"（Splitting）住宅中，住宅被居中切割开来，建筑底部的砌体基础从一侧移除，强调了这种切割。"分裂"是由于建筑的倾斜造成的，在建筑的顶部逐步扩大到一英尺宽的裂缝。由于这种不稳定性，导致一些参观者在建筑中感到非常不安。而其他一些参观者在登上建筑室内楼面时，非常喜欢"跨越裂缝"的冒险之举。

其他类型的"现成品"也出现于设计师的作品中，如使用"现成的"（off-the-peg）物件来完成一项工程。LOT-EK完成了纽约一座原停车库第四层的改造工程，将它变成一间公寓，并安装了一个油箱，建造了卧室和浴室。在油箱的内部安装了隔离舱用以控制液体的流动路线，其尺寸和床垫相匹配，当垂直放置于空间中时，其高度适合于两层楼高的淋浴和盥洗间。透明材质的出入口设计缓解了封闭的室内舱室可能产生的幽闭恐惧症反应。

非常规的物件和建筑选择，以及发现或现成的空间和要素，都可以转化为住宅，形成一种叙事方式，取代构成形式和功能之间的紧密而绑定的僵化的正统主义。不寻常且通常为壮观的建筑改造诠释了住进高度个性化空间中的强烈愿望。这是一种替代拆除的方法，适用于所有形式的建筑，它是可持续的，并为人类提供了独具特色的居住场所。过剩的教堂，库房，发电站，水塔的遗址，筒形粮仓，战时掩体，公共建筑，农村建筑，剧院，银行，商店都被保留，并出人意料地改造，以适应新的生活方式。本章包含一系列案例研究，分析了建筑改造为住宅并提供占据室内空间的崭新方式。每一个案例探索了过去与现在之间的联系，以及空间的生活体验，其目的是重新定义在既有建筑中的新的居住形式所包含的意义。

左图 由LOT-EK设计的住宅室内，卧室和浴室都安装在两个油箱中，一个直立着安装在房间中，一个水平横着安装在空间中。

1 Doris Salcedo, cited in Carlos Basualdo, *Doris Salcedo*, Phaidon Press, 2000, p.17

2 Charles Rice, *The Emergence of the Interior*, Routledge, 2007, p.3

3 Susan Feinberg, 'The Genesis of Sir John Soane's Museum Idea', *Journal of the Society of Architectural Historians*, vol. 43, 1984, p.225

4 Le Corbusier, *Vers une architecture*, first published in 1923 as a series of articles in *L'Esprit Nouveau*. Reissued by Dover Publications, 1985, p.227

5 Toyo Ito, 'The Pao for a Nomad Woman', *Japan Architecture*, July 1986, p.44

6 *Ibid.*

7 Nicolas Bourriaud, *Postproduction. Culture as Screenplay: How Art Reprograms the World*, Lukas and Sternberg, 2010, p.13

8 Marcel Duchamp, 'Apropos of Readymades' (1961 MoMA lecture), cited in David Evans, *Appropriation*, Whitechapel Gallery/ MIT Press, 2009, p.40

9 Gordon Matta-Clark, 'The Greene Street Years' in *Gordon Matta-Clark* (exhibition catalogue), IVAM Centre, 1993, p.361

项　目：玻璃屋（Maison de Verre）

设计师：皮埃尔·查里奥（Pierre Chareau）

　　　　伯纳德·比耶沃特（Bernard Bijvoet）（助理）

　　　　路易斯·达伯特（Louis Dalbert）（金属工艺）

地　点：巴黎，法国

时　间：1928—1931 年

上图　玻璃屋中两层楼高的大客厅。

左图　从庭院入口处可以看到夜晚熠熠发光的玻璃立面。

背景

玻璃屋（House of Glass）位于巴黎银行所在的安静荫翳的传统街道上一处毫不起眼的院子里，它是为让·达尔萨斯（Jean Dalsace）医生和他的家人居住而建造的，同时作为医生的妇科诊所。原有建筑是一座18世纪建造的四层房屋，达尔萨斯买下它准备完全拆除后重建。

理念

光线在这座建筑中自由流动，建筑一层是供诊所之用，二层是用于社交，三层属于夜晚的私密生活。[1]

查里奥非常熟悉达尔萨斯一家，意识到了公共和私密空间以及工作和社交之间的平衡有时衔接得非常自然流畅。因此这座建筑专门定制了一个室内空间，一个经过精细测量的空间，从而它的设计可以适合居住者各种精细的需求。这表现在两个方面：作品和室内空间之间直接明了的联系和设置于中心位置的"客厅"，"客厅"是这座建筑的主要娱乐空间。

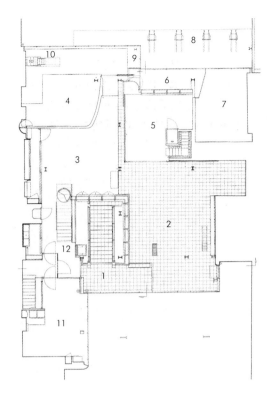

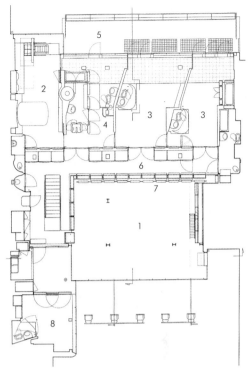

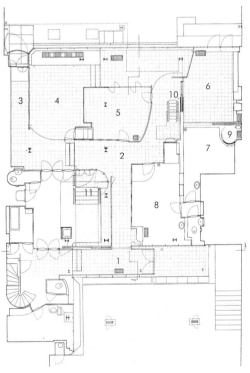

左图：一层平面	左上图 二层平面	上图：三层平面
1 门厅	1 平台	1 大厅上空
2 走廊	2 大客厅	2 主卧室
3 通往花园的过道	3 餐厅	3 卧室
4 等候室	4 起居室	4 主卫生间
5 接待室	5 书房	5 阳台
6 医生咨询室	6/7 空	6 走廊
7 检查室	8 灯（lights）	7 储藏单元/栏杆
8 手术室	9 温室	8 女佣宿舍
9 更衣室	10 通往主卧室的	
10 通往书房的楼梯	伸缩楼梯	
11 通往客厅的主楼梯	11 厨房	
12 通往夹层的楼梯		

原有的四层建筑由不同高度的墙体共同围合而成，有一个前院及一个后花园。达尔萨斯夫妇想将整座建筑拆除，但因为一个房客不愿从顶楼公寓搬走，查里奥只好另想策略设计这座建筑。他拆除了建筑的底部两层，保留了建筑的上面两层，并保留了原有的通行楼梯。上面的那两层由新设置的细长的钢柱支撑，拆除后所形成的建筑体量足够在原有空间中再插入三层高的空间。

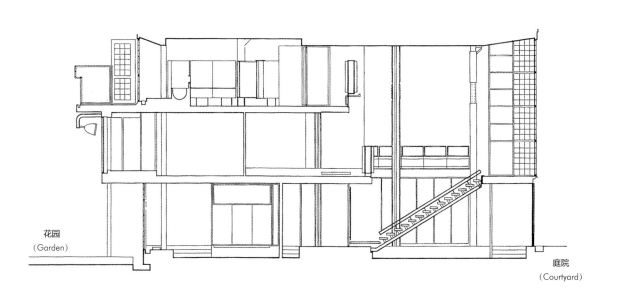

花园
(Garden)

庭院
(Courtyard)

左图　保留的已有建筑的房屋结构确保了建筑花园一侧的紧凑三层楼与庭院一侧的通风明亮的两层通高的客厅对应起来。

上图　三楼夹层阳台设置了浅灰色面板的橱柜，既便于储藏，也从视线上遮蔽了睡眠区域。

上图　通高的玻璃砖墙面让自然光照入客厅。这个引人注目的高雅别致的房间主要用作起居室和娱乐之用。

组织

这座建筑师用于医生开业之用，兼顾家庭日常起居生活，另外还要考虑女佣的用房。医生的诊所置于一层，二楼是起居室，三楼是睡觉的私密区域。

一翼三层楼高的狭窄服务区域延长伸入至前庭院，包含有厨房、工作室和女佣的房间。新建筑的正面和背面都饰以新型半透明的玻璃砖墙面，清晰地悬挑在新的结构上，形成了一个自由的立面。而不透明的表皮创造了一种封闭的空间，它可以让自然光线流入室内，但却不让室内风景外泄。

上图 用螺栓和铆接的黑色和橘色的钢柱形成的新结构框架支撑着新建和原有建筑的地面和墙体。

顶图 位于建筑花园一侧的玻璃墙体的窗户。一层的窗通过安装在钢柱下部的卷轴可以内开。

一层的医生诊所包括一个接待和候诊室，咨询和检查室，以及一间小手术室。靠近咨询室的楼梯通向二楼靠近建筑花园一侧的小书房，或办公室，将楼下的诊室与楼上的生活区域连接起来，使得医生可以在两个区域自由上下。

二层的主要生活区域包括一间餐厅，与庭院毗邻的一间两层通高的大客厅。在整个20世纪30年代，这座建筑接待了各种知识分子、诗人和音乐家。他们将两层通高的客厅视作表演空间，可以举办小型音乐会和社交活动，使得这个家庭一直处于巴黎资产阶级社交层的中心。

二层平面的阳台区域延伸到花园中。这是安妮·达尔萨斯（Annie Dalsace）的闺房。一部小型的伸缩楼梯让主人可以直接通向楼上的主卧室。三层的夹层包括家庭私人领域的卧室和浴室。主卧室和儿童房均各带卫生间。每个房间都朝向大平台开启，从平台处可以鸟瞰花园。

建筑的室内墙体是非承重墙，其构造方式独立于建筑的钢结构体系，故不需要承受任何结构荷载。因此查里奥能以他认为合适的方式自由地布置室内房间和墙体。

上图 位于一层的医生诊所，整片的橡胶地板提升了诊所的档次。

右上图 通往二楼的主楼梯，钢化玻璃面板可以贯通整个底层，将住宅部分与诊所隔离开来。

右图 位于一层的达尔萨斯医生的咨询室，从此处可以看到花园。

对页上图 其中的一间儿童房，带浴室的套房。

对页下图 主卫生间的淋浴和沐浴装置，可移动墙体和多功能的储物单元印证了这个房间的灵活可变特点。

1 Dr Dalsace, quoted in Rene Herbst, *Un inventeur l'architecte*, Pierre Chareau, 1954, Paris, pp.7–8; cited in Kenneth Frampton, Pierre Chareau – *Architect and Craftsman*, Thames and Hudson, 1985, p.239

细部

在设计历史上，玻璃屋具有重要的地位，原因在于它开创性地运用了一种独特的材料。这座建筑以"透明的住宅"而闻名，因为它采用了玻璃砖作为室外围护墙体。查里奥还被委托完善家具和机械零件的新造型设计。这座住宅通常被描述为"居住机器"，与20世纪早期现代主义住宅的典范萨沃伊别墅（Villa Savoye）相媲美。

住宅部分和诊所的空间特征均由相似颜色的材料发展而来。达尔萨斯医生的诊所确保建筑的大部分都采用了诊所和功能性的材料，整个底层以及房屋的日常起居部分都采用了橡胶地板。卧室中的盥洗池和淋浴部分材料的多样性表明了易于清洁的一种专门方法。谨慎选择了易于清洁的材料如钢材和瓷砖形成了材料的面层。在建筑内部更私人的区域中，采用了令人放松的功能性的材料，如闺房采用了地毯，而卧室采用了木板和瓷砖。

查里奥所采用的材料和细部通常源自工业实践和技术。活动的书房楼梯，推拉门，书柜和楼梯都经路易斯·达伯特用钢材精心制造而成。活动的天窗百叶，推拉扇和旋转隔墙均为工业化精细制作而成。所有的活动构件，如活动的钢制屏风用于隔出浴室中更加私密的区域，它由滚轴固定易于推拉且无噪声。

查里奥选用了铁路车厢的窗户作为面向花园一侧的玻璃砖立面的开口，它们是由垂直滑动平板玻璃所构成。通风百叶设置在客厅，将新风引入室内，可以通过转动一个巨大的钢轮控制它。在整座建筑中，机械装置，如卷缆柱、通风设备都小心地藏在独立的垂直管道中。抛光并刷漆的通风孔嵌在房间的地板上，是唯一可见的管道送风的印证。

玻璃屋被视为一件功能主义的杰作和现代运动发展史上的一座重要建筑。在改造建筑的历史中，它是一个典范，巧妙地融合了功能和使用者的需求。

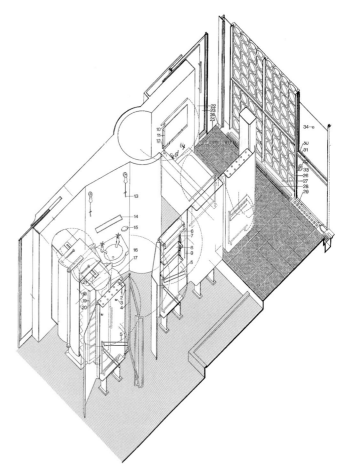

项　目：贝斯特吉公寓（Beistegui Apartment），巴黎，法国
设计师：勒·柯布西耶（Le Corbusier）
装饰与家具设计师：卡洛斯·德·贝斯特古（Carlos de Beistegui）
　　　　　　　　　埃米利奥·特里（Emilio Terry）
地　点：巴黎，法国
时　间：1929—1931 年

上图　公寓的花园"房间"，四周的高墙以城市的景观为背景。

左图　公寓建造于香榭丽舍公寓楼的顶部。

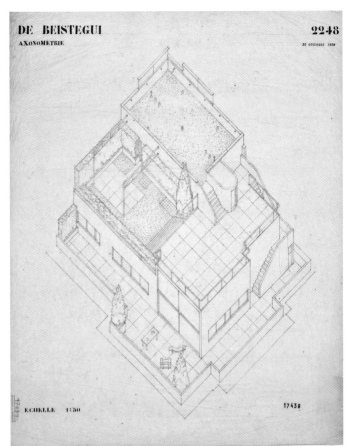

背景

这座屋顶上的阁楼建造于巴黎著名的香榭丽舍大街上一栋普通的19世纪公寓楼顶上。它的主人是富商卡洛斯（查尔斯）·德·贝斯特古［Carlos（Charles）de Bestegui］，这座阁楼并不是作为他的专职住宅，仅仅是聚会和社交之用。

理念

室内装饰实际体现了超现实主义的理念。否则，我们怎么解释这一现象：原本通常应该挂在公寓主要房间的油画，居然陈列在屋顶花园的混凝土墙上。[1]

在勒·柯布西耶记录完整的作品全集中，贝斯特吉公寓仅仅是一个不起眼的脚注，然而这项工程却是建筑师最有趣和矛盾的作品之一。德·贝斯特古是艺术和古董收藏家，以奢华的派对出名，经常款待20世纪30年代巴黎高层社会的精英。勒·柯布西耶与同一圈子里的人相熟络，在德·贝斯特古的一次派对上，他的朋友法国室内设计师勒内·德鲁安（René Drouin）将柯布西耶介绍给德·贝斯特古。

柯布西耶受到了阁楼设计的委托。他将公寓构想为一个观看风景的空间，一个暂时存在的巴黎资产阶级的空间表达。他将室内的使用者设想为一种观看的装置，既观看他们自己，也观看它所在的城市。这一超现实主义的矛盾本质——它的不可居住的室内空间，临时的舞台布景特征，设计师的观看游戏，以及塑造城市的不同方式——意味着它通常被视作柯布西耶怪异做法之一。然而，正因为这些原因，它才被视作室内建筑与设计以及既有建筑改造的一个典范。

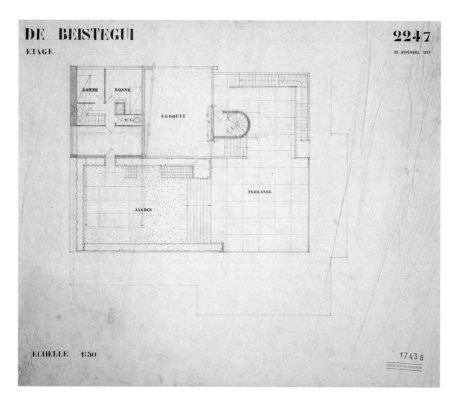

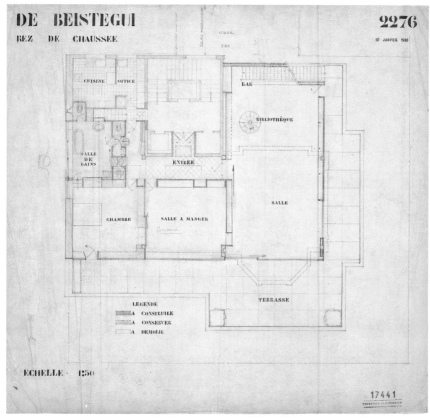

组织

在设计了最著名的标志性
建筑萨沃伊别墅之后仅仅几
年，柯布西耶再次打破传统，
设计了一个很有趣的、诙谐
的并具有反讽意味的屋顶空间
改造项目。这一阁楼建筑包含
一个简洁的两层白色盒子，矗
立在一座华丽却相对平庸的巴
黎建筑屋顶上。阁楼从最底层
出入，在建筑屋面处有厨房，
浴室，卧室，餐厅，客厅和书
房——类似于普通家庭的功能
布局。公寓的顶层设有另一间
浴室，两间卧室和屋顶平台。

从室内朝向城市的精心编
排的景观改变了室内布置的乏
味。通往室内的入口需要经
过一个狭窄的走道，走道的
屋顶仅用一系列玻璃平板镶嵌
而成，引导景观视线通往屋顶
平台和天空，同时也照亮了入
口空间。主要的客厅有一扇景
观窗可以远眺城市的风景。一
个纤细的螺旋楼梯（它是如此
纤细以至于建造中塌落不得不
重建）可以通往花园和上层的
露台。

右图 主客厅中的螺旋楼梯。

最右图 落地推拉玻璃门将光线引入主客厅，室外风景一览无余。修剪整齐的树篱限定了屋顶花园的边界，只要按下开关，这些电动控制的树篱可以移走而不遮挡城市地标景观。

右下图 拾阶而上的屋顶平台。地上镶嵌了平板玻璃，光线可以射入底层走廊。

右底图 紧邻楼梯的屋顶处景观，此楼梯通往围墙围合的室外花园房间。

细部

　　尽管公寓的平面并无精彩之处，但这座公寓的设计却成为一个"事件"（event）。柯布西耶将室内设计得很有趣味。仅仅按一下开关按钮，空间就可以改变并朝城市开放。当电动墙和门沿着地板移动时，它们可以改变房间的形状。吊灯可以缩回到天花板中，从而电影可以投射到墙面上。在室外的屋顶平台上，修建整齐的树篱限定了屋顶矮墙的边界，它可以移至窗户一侧，框定著名的巴黎地标景观如埃菲尔铁塔和凯旋门。

　　上层的平台是最超现实的空间。柯布西耶并没有沉溺于也许是巴黎城最美的景色之中，他用一道1.5米（5英尺）高的墙体将花园围合起来，删减了城市下半部的景观。附加的装饰性壁炉更加深了花园不太明确的基调，而壁炉通常是出现在居室内的一种元素。室外的平台看上去像一个室内的房间，尽管它没有屋顶。后期的"房间"图片显示了德·贝斯特古和特里奢侈的装饰风格：椅子，华丽的餐具柜，壁炉边的大镜子。

项　目：德瓦勒公寓（Casa Devalle）

设计师：卡洛·莫利诺（Carlo Mollino）

地　点：都灵，意大利

时　间：1939—1940 年

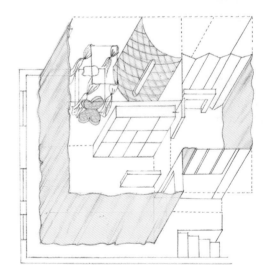

上图 门厅墙体反射出过道上蝴蝶装饰的镜面墙，墙体后面是卧室。

左图 室内看似透视图中的奢华、神秘的配景。这种虚幻的特征通过戏剧化的要素如窗帘、镜子和夸张的装饰得到强化。

背景

卡洛·莫利诺为他的建筑师朋友乔治·德瓦勒（Giorgio Devalle）设计了这座公寓，地点位于都灵一座19世纪的住宅楼里。

理念

卡洛·莫利诺的作品与他的独特生活和性格密切相关。作为一位杰出的工程师的儿子，莫利诺设计建筑、室内和家具的灵感总是来自于其他方面的兴趣，如飞行，赛车和滑雪。1953年，在他父亲去世后，他痴迷于设计和赛车以求慰藉，后来从事特技飞行，只是偶尔重返设计界。

莫利诺追求速度不惧危险的勇气可以与他对女性形态的追求和摄影相媲美——这种对女性形态的爱好可以从他设计的家具、建筑和时装中得到体现。

对速度、汽车流线造型、飞机和人体形态的着迷使得默里诺成为一名意大利未来派艺术家。然而，他也同样支持新艺术运动的非理性和奢华风格，新艺术运动是一种美学，这种美学与他颓废、深奥的寓言保持了一致。莫利诺不墨守成规的个性是对他父亲严于管教的反抗，也是对当时意大利流行的法西斯主义和共产主义的回应。

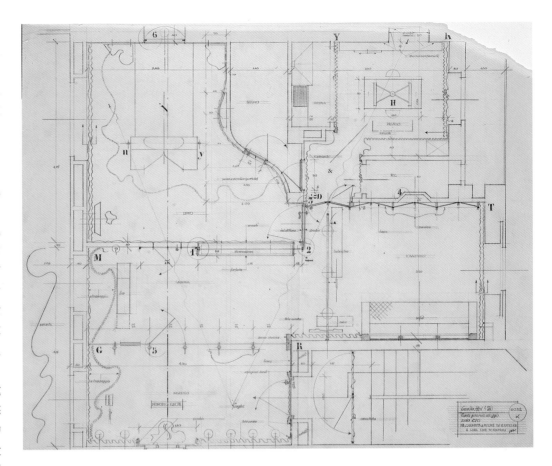

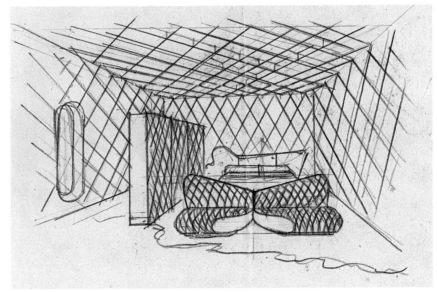

上图 这张平面草图表示了小公寓的布局方式。公共楼梯的入口位于草图的右下方，卧室位于左上方。

左图 配有华丽家具的卧室的早期概念图。

虚拟景观的放大照片挂在书房墙面上，并镶以金色的相框。这种做法加大了景观错觉的透视深度感。每个房间都充满了混搭的奢华格调，无尽地反射在公寓镜面墙体的无限空间中。

细部

泛着绿光的镜面床头板，是定型制作的钢化玻璃。床尾的矮沙发面料为绿色天鹅绒，绒面上嵌以浅蓝绿色的纽扣。地面铺的是浅黄宝石色的羊毛地毯。左边是遮住整面墙的双层窗帘，一层是透明的象牙白的帘子，另一层是厚重的暗红色天鹅绒帘子。墙面和顶棚均衬以浅紫罗兰色的闪缎：框架内的顶棚的表面基层是很浅的白玫瑰石膏，形成浅蓝色的纹理，使得被蚊帐隔离的床上方的天花像一扇窗户，与衬垫的"固合"形成鲜明的对比，暗示了无限安宁的空间。[1]

颓废派艺术家盲目崇拜于材料和表皮，确信德瓦勒公寓的室内空间具有强烈的戏剧性效果。莫利诺或设计或选定每一最后的细部，充分发挥了他对航空工程学和对结构与材料的工艺知识。其中包括走道的镜面墙体，这面墙体由钢化玻璃和原水晶制作而成，包含一个蝴蝶装饰的玻璃橱窗，还包含一个玻璃制作的黑色蛋白石陈列箱，它由竖向纤细的

德瓦勒公寓被视作有机和超现实的实体，融合了航空工程和生态形象。它是一个舞台布景的室内空间，为居住者的生活充当着背景。

组织

德瓦勒公寓集中了默里诺所有的兴趣爱好，并将它们组织为一个神秘的、复杂的、戏剧化的室内空间。然而在这些深奥的动机背后，他将相对狭小的 70 平方米（750 平方英尺）的空间组织为严谨的、实用的时尚空间。镜面墙体，黑色玻璃平板，豪华的装饰软包强化了室内空间的有机、弯曲、动感的曲线造型。入口要经过公寓楼的公共楼梯，由此可进入公寓的大厅，它连接一条通往书房的过道。主人可以从书房进入厨房和餐厅，也可以去往卧室。室内通道是经过精心设计的——默里诺通常将建筑和室内空间视作一系列画面和景观，或者是一个序列，是他创作的摄影散文的例证。

黄铜支柱和横向细长的钢管支撑。莫利诺设计了一套向上射灯（up-lighters）体系来点亮整座公寓。它由抛光的钢管和黄铜反射镜组成。他还设计了许多家具的一次性构件，包括罩以华丽的天鹅绒装饰的钢管椅，家具的工程质量可以和奢华的质地相媲美。软包的沙发银缎装点着虚构的风景画框前的墙体，间距较大的双手造型的青铜门把手可以打开镜面玻璃门。一大块光滑的黑蛋白石屏风包含了一块反射了"特里纳克里亚"（Trinacria）（德瓦勒的家族的徽章）的镜子。它支撑着一个钢化玻璃架，其上安装了一个奇异的黄铜钟。

卧室位于公寓的中部。床占据了卧室的主要位置，黑白色的床头板，定制的床罩。床尾是水绿色的天鹅绒沙发，其造型是夸张的嘴唇，这是对莫利诺的朋友萨尔瓦多·达尔夫（Salvador Dalf）以及他设计的单身宿舍的回应。卧室中的浴室门安装在曲面的软包墙上，其构造看起来像飞机或客轮的舱门。

空间的风格充斥着奇异的和半宝石的材料。玻璃的质感是反射的、清晰的、冷酷的或者是乳色玻璃。墙体和天花都是软包。门是镜面玻璃而且安装在反射的墙体上，窗帘、帷幕和地毯都是厚重的天鹅绒，覆盖在墙体和家具之上。所有的细节都是共同为了创造一个华丽的夜晚室内空间。

左上图 床尾处的沙发让人想起大尺度的嘴唇。

右上图 德瓦勒公寓的钟的支撑物是特里纳克里亚，它来自德瓦勒的盾形徽章。

上图 书房墙上虚构的风景画，框以金色的柱子。

1 Reproduced from a handwritten note by Mollino on the reverse of a photograph for publication. Fulvio Ferrari and Napoleone Ferrari, *The Furniture of Carlo Mollino*, Phaidon, 2006, p.190

第 1 章 住宅　29

项　目：全套家具用品单元（Total Furnishing Unit）

设计师：乔·科伦波（Joe Colombo）

合作者：伊尼亚奇奥·法瓦塔（Ignazia Favata）

地　点：纽约，纽约州，美国

时　间：1971—1972 年

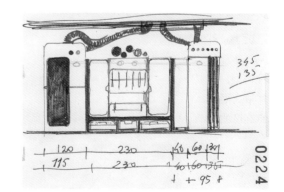

上图　安装好并可就餐的全套家具用品单元。

左图　概念草图显示了全套家具用品单元如何连接水电等服务设施。

背景

1972 年，在纽约现代艺术馆主办的展览"意大利：新室内景观"（Italy: The new Domestic Landscape）中展出了"全套家具用品单元"装置。

理念

1971 年，意大利设计师乔·科伦波在他去世前设计了"全套家具用品"。在 20 世纪的后半叶，战后的意大利建筑师和设计师开始声名鹊起。这并不仅仅归结为他们设计的高质量产品，如意大利制造业逐渐壮大的规模与生产力，还归结于意大利设计师在设计产品与空间时质疑社会与文化传统的创造能力。

在 MoMA 展览中，主办方挑选并展示了意大利设计师过去十年间设计的 150 多件作品，并委任 12 名设计师设计"环境"（environment）主题的作品，同时要求他们附上说明，陈述它们在未来室内空间的作用。这些作品被视为家装业的原型，因为它们可以通过建筑工业化进行建造。科伦波对设计任务书的反应就是设计一个未来的居住模型，它可以大规模生产，并最大限度地节约空间同时具有高度的灵活性。科伦波认为单元、城市、绿色空间与居住者之间的关系可以确保这个单元成为一个具有活力的实体，它处于不断变化的动态之中。

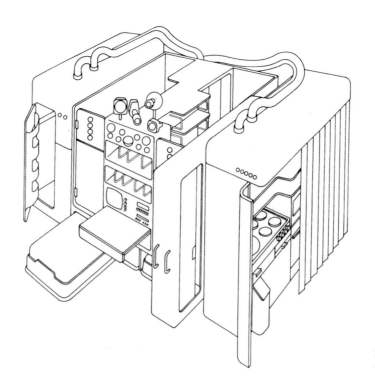

左上图 门打开后单元的轴测图。

左下图 单元另一端的厨房部位。

组织

尽管全套家具用品只是在博物馆展出的未来室内空间的一个模型，但它却高瞻远瞩地预见了城市高密度区域居住者的不同需求。科伦波将家庭的基本需求精简压缩为一层高的方形体块，宽度为4.8米（15英尺8英寸），高度为3.6米（11英尺10英寸）——共计约23平方米（248平方英尺）。

设计师构想将这一模块安装在将近2倍于模块大小的空间内，并可以连接水电等配套服务设施。

主要的模块包含有基本的居住需求，它们压缩至一系列的腔体中，科伦波将它们称为厨房、橱柜、床、浴室和私密空间。每个腔体都可以从模块中分离出来，独立放置于模块所在的房间的任一部位，并可以进行不同的组合。例如，橱柜可以从体块中拉出来形成隔离厨房和床体的一道墙体，等等。浴室和厨房单元是单一功能的，因为它们除了设计之初的功能之外没有其他的功能。私密区域和起居室是多功能性的，它们的功能有睡眠、餐饮、阅读、工作和招待客人。

单元的体块——家具的要素构成都取决于白天或夜晚不同时段以及居住者的需求，并可以从主要模块中拖拉至室内主要空间中得以充分利用。

细部

住宅中所需的物品都应该与有效的空间结成一个整体。因此，它们不应该称为家具而应该称为"装置"（equipment）。[1]

科伦波认为设计应该满足当下以及未来生活的需求。他设计此单元的目的是为了研究功能的基本需求，而不是关注于造型风格之类的多余元素。设计说明强调了设计师考虑采用新方法以发挥意大利制造业的优势以及采用合成材料与纤维。科伦波详细说明了每一模块的建造都只是简单的造型，可以采用轻质的木材构造，以及坚固耐磨的三聚氰胺塑料面层。

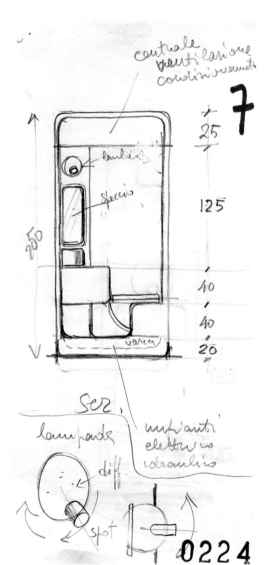

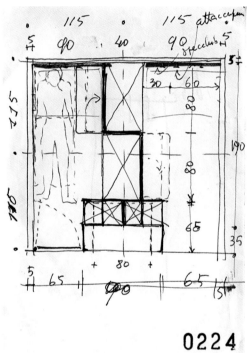

左图和上图　草图显示了浴室和睡眠区域细致和高效的活动空间需求。

左图　厨房。

左下图　床可以从
单元的下部拉出供
客厅使用，或作为
睡眠使用，衣柜可
以拉出来围合空间
使它更具私密性。

这一模块可以在不同场合中使用，即以不同的方式使用核心部位。但是，不管在任何布局中，浴室总是封闭保留在各自的单元内，为居住者提供私密性。设计说明中将水、电、垃圾处理等服务配套设施描述为"环境空间范围之外需要满足"的需求（换句话说，这一模块可以连接到它所建造之处的服务设施中）。

厨房安装在住宅中的另一个模块中，它包括自己的烹饪、储藏和备餐空间。厨房和浴室的各个细部都经过精心设计，有一体化的水槽和水龙头，有内置烤箱和冰箱和浴室中的坐便器。主要的起居室置于处于两端的餐厅和浴室之间。床可以从模块的下部拉出，也可以供客厅使用，周围有内置的电视，或紧邻可拉伸的餐桌旁。之后这些床可以用来睡觉。

---

1 Joe Colombo, quoted in Mateo Kries and Alexander Von Vegesack (editors), *Joe Colombo – Inventing the Future* (catalogue of the Milan 2005 exhibition), Vitra Design Museum, p.17

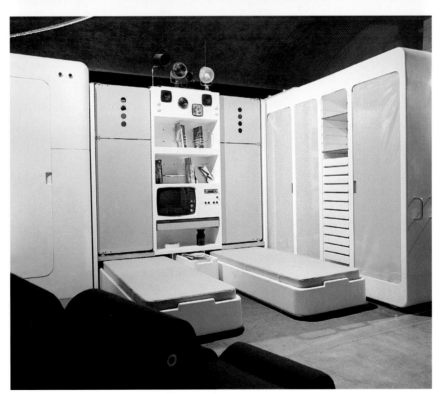

项　目：卡伦德学校改建（Callender School Renovation）

设计师：乔治·拉纳利（George Ranalli）

地　点：纽波特，美国

时　间：1979—1981 年

上图　主人公寓的三层通高的起居室。

左图　19 世纪意大利风格的校舍。

背景

主人所拥有的建筑是一座列入文物保护名册的具有历史重要性的学校，建于1862年。它位于罗德岛的纽波特历史最悠久的地区。一共建造了6座公寓，其中这座建筑的主人就是博格斯夫妇。

理念

将既有建筑改造为住宅并不仅局限于一个家庭使用。这项工程采用了再开发现有空间的理念，以创造一种高密度的多层住宅。6栋全新的住宅错综复杂地、小心翼翼地插入到这座两层建筑当中，共用巨大的地下室和宽敞的阁楼形成了一个锯齿形的连锁住宅。尽管是严格意义上的住宅，但"住宅"这一术语的使用只是表明认可拉纳利在项目完成过程中采用的概念性装置。每一座住宅都设计得如同城市的一个部分进行运作；如同住宅的集群，并形成一个居住的社团。尽管每个居民都有自己的需求，但每人都拥有公共和私人空间，分享着它们所带来的义务和文明。

既有建筑本身就是城市不可分割的一个组成部分。它最初是当地的校舍，自从1974年以来一直被闲置。这个历史上重要的建筑的室外环境得到了整治和恢复。它的挑檐、装饰线和室内细部也进行了必要的复原。为了保留旧校舍的一部分原始风格，清理、修补和保留了旧校舍原有的走廊和楼梯，旧教室的门也得到了同样的处置，这些门可以用于每栋新建筑的入口进行再利用。建筑的室外公共空间呈现出19世纪意大利风格校舍这一公共机构的氛围，而它的室内却经过精心规划与设计，呈现出一种崭新、独特且吸引人的室内空间氛围。

组织

建筑结构的修复和保留创造了一种背景，以抗衡后插入的建筑新要素。既有建筑分为两部分建造，这一做法产生了一道由北向南的内部厚墙，以及一道沿着建筑地面逐渐升高的东西走向交叉形壁炉墙体。这种布局显示了如何保留建筑的基本形式，以及如何在其内部建造这6栋新建筑。

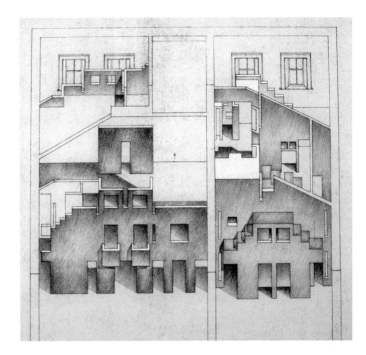

上图 建筑北立面的轴测图。

下图 建筑南部的剖面，主人三层通高的公寓位于建筑的顶部的左侧。

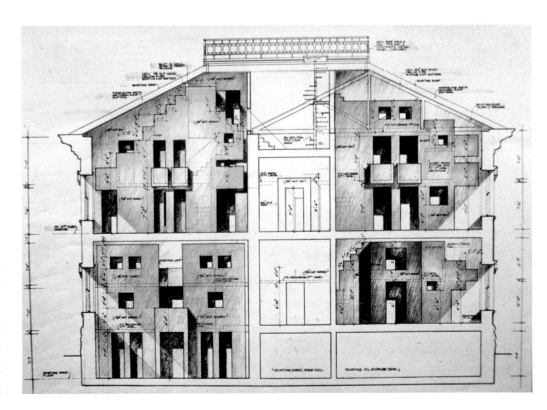

其中的四栋建筑都拥有一个三层通高的起居室；而另外两栋建筑拥有一个两层通高的起居室。最开始的三栋建筑可以从共享大厅直接进入下沉地面。最西侧的这栋建筑三层高。从一层进入，三层通高的起居室地面位于地下室。厨房、浴室、卧室和书房通过楼梯连接，且都布置在高大的、有洞口的"城市墙"后面。位于同一标高处的略微小些的第二栋和第三栋建筑为二层的复式住宅，它们有两层通高的起居室，充分利用了带阁楼的老教室的充裕的层高。既有的坚固的交叉墙将复式住宅分为两部分或三部分。这些住宅的地下室用于服务设施。

剩下的三座住宅占据了校舍的顶层平面，并可以从顶层平面进入。主人的三层住宅占据了整个校舍顶层的西侧，并利用了包括阁楼在内的所有三层平面。居住者从二楼进入到建筑的中心部位，那里相互层叠地集中布置了厨房的核心、浴室、书房和卧室。主人可以看到两个"城市墙"立面：位于住宅南侧的起居室"屏幕"（screen）和位于北侧的餐厅"墙面"（wall）。两者都由厨房和卫生间"核"（core）提供"服务"。主卧室位于二楼，图书馆位于顶部阁楼的屋檐下。

另两座建筑比主人的建筑规模小些，但却是三层通高，它们建至三层平面和阁楼平面。

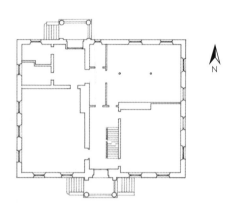

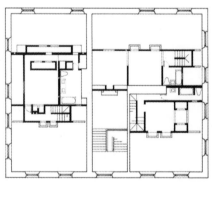

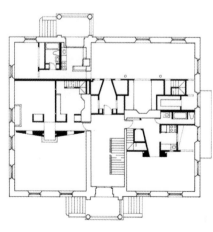

上图 模型展示了南立面的剖面（上图）和北立面的剖面（底图）

细部

仿造的立面集成了墙体、门窗、屋顶轮廓和柱子——都是些常见的建筑要素，但在此处却似乎表达了一种全新的象征作用。因为卡伦德学校中的这些建筑元素发挥了远胜于功能性的作用；它们是对建筑内部功能本质的思考，对称性、开敞与围合的研究。[1]

六栋建筑通过共同的主题联系在一起；对建筑现有室内空间合理的高度和比例共同做出了回应。它们共同致力于将建筑连接为一体，用类似但却有细微差别的建筑语言以适应不同居住者的需求。这种设计策略产生了一系列插入到每栋公寓中的室内"立面"。它们区分了空间的私密和公共功能，在美学上扩展了每家的起居室空间感觉。在每一建筑单元中，拉纳利创造了一种空间序列感，这种空间序列感是独一无二的，并且戏剧化了较小的私密空间与更大的"公共"空间之间的关系。这种立面的大集成围绕旧学校中央大厅组合而成，形成了一个围绕居民社区而成的象征性城市，每座建筑都有自己的私密和公共空间。

---

1 Paul Goldberger, 'Callender School', *Architectural Digest*, December 1981, p.63

右1图 所设计的开槽的公寓墙体被解读为室内城市的建筑立面。

右2图 公共走廊所营建的公共建筑氛围与公寓色彩丰富的室内墙面形成了鲜明对比。"住宅"的前门重复利用了老学校的门。

右图 位于建筑西侧的三层通高的公寓的地面位于地下室平面处，可以从一层平面进入。

1

2

项　目：比克曼广场 23 号顶层豪华公寓（Penthouse at 23 Beekman Place）
设计师：保罗·鲁道夫（Paul Rudolph）
　　　　项目建筑师：唐纳德·卢肯比尔（Donald Luckenbill）
　　　　结构工程师：文森特·J·德西蒙（Vincent J. DeSimone）
地　点：纽约，纽约州，美国
时　间：1977—1988 年

上图　从三层的餐厅眺望东河的景色。

左图　公寓位于上曼哈顿地区的新格鲁吉亚住宅楼的顶层。

背景

这栋四层的屋顶附加建筑是为建筑师保罗·鲁道夫本人设计的。主楼是上曼哈顿地区的一栋五层的新格鲁吉亚住宅楼。1965年，鲁道夫租了五楼的一间公寓，1976年，他花费30万美元买下了整个楼。1977年，他开始将下部的四层楼都改造为公寓，而他自己的阁楼工程却一直在建造当中，原因在于他不断重新评估他的个人居住空间，直到1988年才"正式"（officially）完工。

理念

通常，居住者设计自己的住宅时，住宅会变成一个实验项目，一种影响新任务的设计思路和方法的过程。这种方法将住宅置于一个不断变化的动态之中，尤其是当它的居住者不断尝试新的布局方式和材料时——一种处于进展中的工作。项目完成时，完成后的空间就如同最大限度完成的"订制"设计：这种项目完全是私人化的，充分反映了居住者的需求。

这个项目位于上曼哈顿区海龟湾的主要住宅区。这一区域最早开发于19世纪后期，20世纪初经过不断地立法之后，该区域保留了一块小型的私人居住飞地，吸引着电影明星、艺术家和作家。

建造背景是影响到屋顶加建部分设计的一个重要因素。鲁道夫的建筑构思是它好像是用于观景的一个框架结构，向西可以眺望整个城市，或者向东观看河流。现有建筑为6米（20英尺）宽，南北两侧均由墙体加固，限定了围合的宽度，但并没有限定高度。因此，经过与规划法律和结构勘查之间细致的甚至有时艰难的协调之后，这座四层的建筑耸立在曼哈顿的空中。

组织

鲁道夫是一个忠实的现代主义者。当他的许多同龄人都对后现代主义感兴趣时，鲁道夫仍然坚持研究抽象空间的设计，同时进行工业生产方法和材料的实验研究。这个阁楼就是自由开放的现代主义室内空间的最好证明。它由一系列的钢框架组成，钢框架直升到屋顶固定住，在此范围内可以自由地组织平面。建筑北边和南边的侧墙只能重建，用以承载新的钢框架结构荷载。拆除立面西端的顶部，新建筑可以从基座朝城市一侧悬挑出近6米（20英尺）。东侧的悬挑宽度更小些。这个结构框架的设计可以承载多层阳台、夹层和平面用以发挥住宅的多种功能。总而言之，建筑内有17种不同的平面标高，所有平面共同生成了四层的主楼。

公寓的西端有客房、浴室和私人阳台。对面的东端有图书室、厨房、餐厅和主卧室。这种"隔离"（split）是由楼梯和透明的天桥等交通空间产生

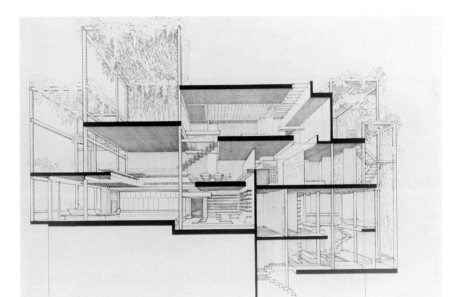

左上图 公寓南向的剖面图显示了17种不同的室内标高。

左下图 北向的剖面。右侧的花园露台框定了东河的景色。

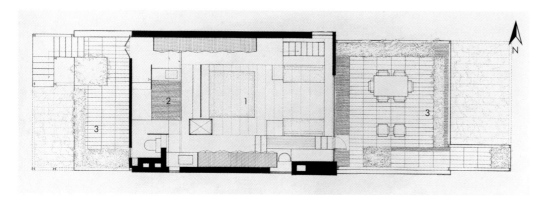

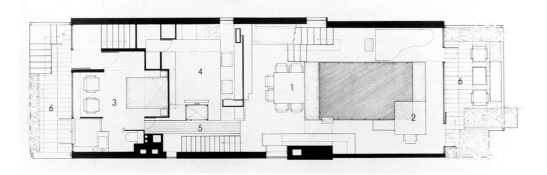

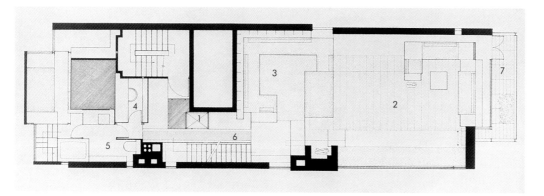

上图 下层平面　　中图 主楼层平面　　顶图 上层平面
1 电梯　　　　　　1 餐厅　　　　　　1 主卧室
2 起居室　　　　　2 绘图桌　　　　　2 浴室
3 图书室　　　　　3 客房　　　　　　3 阳台
4 书房　　　　　　4 厨房
5 浴室　　　　　　5 天桥
6 天桥　　　　　　6 阳台
7 阳台

的。在这种看上去非常明确的组织方式中，鲁道夫还创造了无数的远景、景观、楼层之间的标高变化和开放空间。它们促进了室内房间和空间之间的视线交流。

阁楼层经专用电梯从第七层的西端进入。此处一间两层通高的客房设于标高更低的西部悬挑结构内。楼梯可以向上通往图书室，图书室的三侧墙面均为书，这一开放空间的第四面是结构框架所框定的东向河流景观。沿着景观方向前进，有两个踏步高的标高变化的平台通往两层通高的起居室。上部楼层包含一个阁楼办公室，而上部楼层西端客房的睡眠区域需要经由桥梁进入。紧邻的标高部位处包含厨房、餐厅和位于前面的另一间客房，或者是西端的悬挑部位。厨房占据了平面的中心位置，而餐桌布置在镂空部位的边缘，可以向下俯瞰下层标高处的起居室。边缘处的栏杆形成了可以供人坐在桌边一条长凳。沿着北墙设置了一步楼梯通往上面的主卧室。它的位置远离主楼梯表明了它特别专属的性质。

尽管公寓远远高于地面，它与城市景观保持了独特的联系方式。每一层标高都通过阳台与室外相连。在四个错开的标高平面上，分布着 5 个明确的室外空间。最大的阳台朝东，并与主卧室相连。

细部

在鲁道夫的公寓中，所有的房间都隐藏在结构体系内，而其他空间则是大胆地暴露在空中。室内大量反射和透明表皮材料丰富了建筑师的想象力，让他掌控着所有他所见到的部位，同时有意半遮挡住参观者的视线以免看到住宅其他部分。[1]

公寓室外结构所采用的主要材料是混凝土、玻璃和钢材。室内则采用不同的材料。在室内，鲁道夫创造了一种复杂的空间语言，混合使用有光泽的透明材料，如不锈钢，塑料装饰板和铬合金与白色大理石，不透明和透明的塑料，浅色皮沙发混合使用，营造了尖锐的几何室内空间效果。有光泽的反射材料表面映射了无数光影流离的景色变化，既反射空间，也反射从室内到阳台的景色——并强化了这种特征：通过策略性地设置镜子的位置，以及取消住宅中的门，这种做法也加深了鲁道夫和客人之间的亲密关系。

1 Tim Rohan, 'Public and Private Spectacles', *Casabella*, vol. 673/4, 1999/2000, p.138

顶部左图 在大起居室中可以鸟瞰东河景色。在鲁道夫的这一研究性项目中，绘图桌位于顶层阁楼右侧的漏空位置。

顶部右图 连接公寓东部和西部的天桥，划分了建筑中公共和私人区域。

左上图 在下层入口平面标高处的客房中的有光泽的反射材料表面。

右上图 围绕着下沉浴池的主浴室。

项　目：波森家庭住宅（Pawson Family House）
设计师：约翰·波森和卡特琳·波森夫妇（John and Catherine Pawson）
地　点：伦敦，英国
时　间：1996—1999 年

上图 建筑后部的下沉式庭院。

左图 修复后的四层的 19 世纪建筑室外。

背景

该建筑位于伦敦诺丁山，最早建于 19 世纪中叶，是一栋中规中矩的联排式端头的住宅，地面三层，还有一个地下室。最开始的设计是供 8 个人使用，另加上几位佣人。重新设计时是考虑供 2 个大人和 2 个小孩的一户家庭使用。

理念

雷姆·库哈斯（Rem Koolhaas）说："最小化是最大化的绊脚石"，这是一条刻意的、很具煽动性的评论。但我认为确实有道理，因为简洁直接地转译成了一种装饰效果。绊脚石暗示着表演。这当然是一个适合剧院的场所，但是对于这种类型的建筑，剧院的原理并不适用于让所有的东西成为道具。[1]

对艺术作品的理解，如一幅画，一首音乐作品或一件雕塑，可以通过减少元素种类诠释其隐含的价值或基本原理，通常这种做法称之为极少主义。室内设计的极少主义通常被看作是注重于空间品质、比例、光感和材料的代表简洁的理想状态。换句话说，就是将空间要素减少为追求其最基本的品质。约翰·波森的作品经常被冠以"极少主义"的标签，但它忽略了作品中所需的理念深度和思考水准——这是理解空间和仪式的基础，它可以使每件作品是独一无二且是专门定制的。

波森引证了约克郡乡村的影响，以及方廷斯修道院的西多会修道院废墟周边的情况，他在那附近长大。同样重要的阶段是他在日本与仓俣史朗（Shiro Kuramata）工作的成长岁月（见第 106 页）。波森和他的工作室承接的所有项目，不管是一个修道院还是一件家具，都非常重视比例尺寸的精心设计、材料的感官特质表达以及居住者的日常仪式再现。

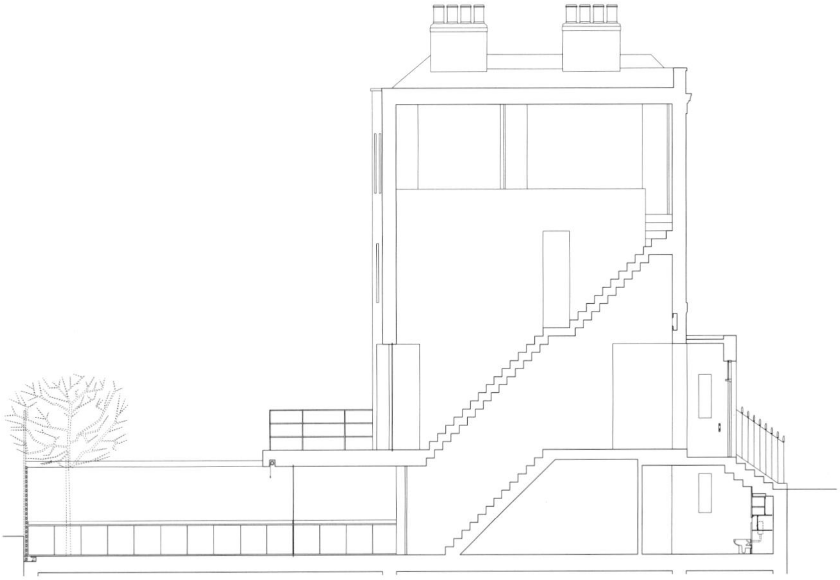

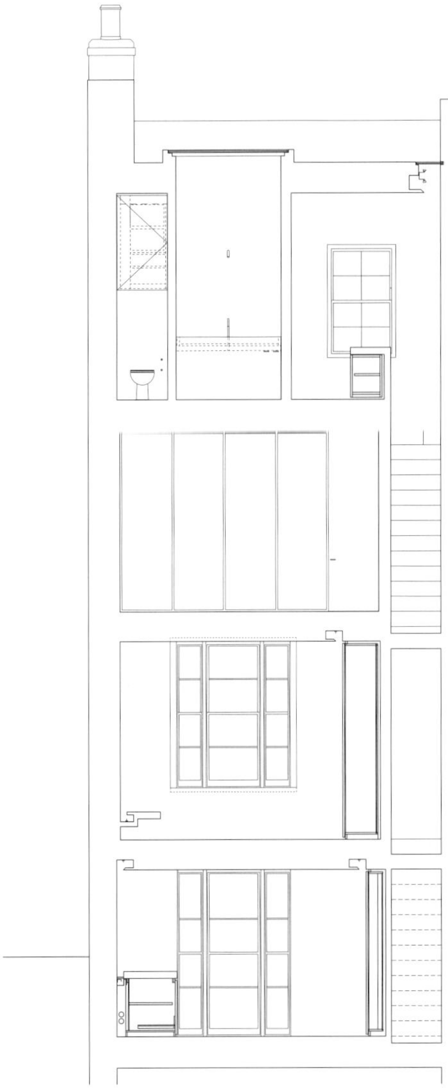

上图 建筑的大剖面显示了主楼梯和临街的前入口。

左图 朝向建筑前方的小剖面。

组织

波森家庭住宅是一座典型的 19 世纪中期联排式四层住宅端头户型，涉及大量的返工工程。这一项目用地非常紧凑，仅有 150 多平方米（1615 平方英尺）。长方形用地内含一个公共花园，这座住宅只是长方形用地的一个局部。最初的建筑与同时期的其他伦敦联排式住宅一样，每层有两个房间，每层之间通过一个楼梯盘旋而上，楼梯紧邻与隔壁住宅共有的分户墙。石板瓦坡屋顶覆盖了建筑顶部。这座建筑闲置了许多年，并发生了可怕的沉降，结构墙损坏，窗户上的过梁也断裂了。

建筑原有的小房间，传统的交通空间和结构问题迫使改造方案颇有难度。波森清除了原有室内空间，以颠覆性的方式重新设计了这座建筑。改造之前，波森夫妇曾在建筑中居住过一段时间，从家中欣赏美景的那段时光让波森夫妇觉得颇有意义。向外望去，建筑前面的树和景观以及后部的公共花园形成的框景让人觉得这是一座独立的小别墅而不是联排式住宅。这也影响到了最后室内空间的布局方式。

波森保留了原有建筑列入文物保护范围内的正立面和背立面，挖空了建筑室内，取而代之的是一个崭新的混凝土框架结构。加入新结构是为了支撑和承载新的楼层。这也使得地下室得以开挖出来形成一个建筑后部的下沉式花园。重新设计的建筑交通空间是一部坚固的长楼梯，从建筑的后部拾级而上，连通所有的三层楼面。从楼梯半层的平台处进入二层，二层包括主卧室和内设的浴室。楼梯可以一直通到顶楼儿童房和屋顶的浴室，屋顶是玻璃的，并可以在空中开启。起居室位于一层，厨房和餐厅设置在地下室，可以从前门入口处的楼梯到达。

下图 地下室又长又直的厨房沿着建筑的侧墙设置，厨房操作台一直延伸至室外花园。

右图 平面图，从上到下分别为：三层，内设儿童房和浴室；二层，内设主卧室和浴室，一层，内设入口大厅和客厅；地下室，内设厨房和餐厅。

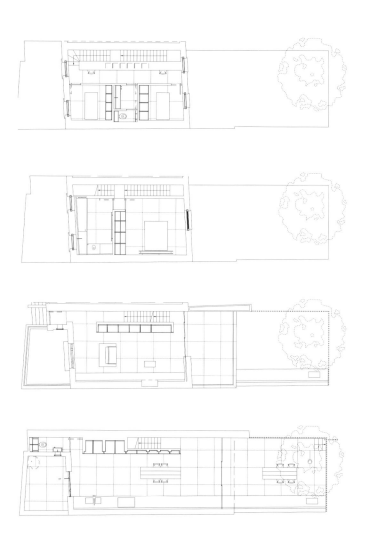

细部

　　建筑的细部和材料表明了一种设计思想：用简单的空间容纳生活的日常礼仪。波森仅采用了少数几种材料便完成了建筑室内简洁直观的设计布局。所有地面铺的是浅色的、蜜黄色的意大利石灰石。新的建筑结构框架需要满足与现有建筑同样重量的负荷。楼梯间，操作台，浴缸和水盆采用了同样的石灰石。经过了详细的投影间隔分布计算并取消了踢脚板，重新布置了墙体，以符合各楼层的需求。每个房间设计了漂亮的橡木桌椅。每个房间由地面至顶棚高的橱柜收纳了日常生活中的杂物。地下室的厨房沿墙体呈直线造型，它的操作台穿过从地面至天花的无框玻璃门，一直延伸至花园。建筑中任何一处的材料都散发着一种冷静、精准的格调，流露出一种平静安宁的氛围，将建筑的尺度和比例回归到它曾经的状态。

1 John Pawson, 'The Simple Expression of Complex Thought', *John Pawson 1995–2005*, El Croquis, 2005, p.7

左图　一层的客厅。杂物收藏在由地面至顶棚高的橱柜中。

左下图　起居室通往可以俯瞰地下花园的小阳台。

左图　连续的直跑楼梯贯穿了整个建筑，连接了顶层的卧室和浴室以及一层的客厅。通往地下室的楼梯口位于前门处。

项　目：班尼·雷恩住宅（Bunny Lane House）

设计师：亚当·迦尔吉（Adam Kalkin）

　　　　室内设计师：哈德利·艾伯特（Albert Hadley）

地　点：新泽西州，美国

时　间：2001 年

上图　原有住宅完全被预制的棚子所包围。

左图　工业建筑看上去显得与新泽西州绿色的田野非常不和谐。花园的门廊上有一个"沉重的"烟囱，如今用于室外烧烤。

背景

这个项目涉及保留现场已有的一栋两层的板房。这座板房随后被一栋更大的预制金属建筑所围合，形成了一座占地1.2公顷（3英亩）的新泽西州乡村家庭住宅。

理念

我非常想强调的一点是：选择这些"现成品"（readymades）建筑并不是审美品位决定的。这个选择是建立在视觉反应冷淡以及好的或差的审美品位的完全缺失基础之上……实际上是感觉完全麻木。[1]

马塞尔·杜尚提出了"现成品"（readymades）这一概念，它意味着使用现成的物品来进行艺术的生产和消费。小便斗、瓶架、铁锹和自行车轮都被改装用以促进人们对艺术创作与阐释以及对它所处背景的反馈。"现成品"是一个术语，用于指代现成物品的再利用，然而这件现成物品的解读方式与设想的方式截然不同。

亚当·迦尔吉的作品通常表现为直接搬用工业生产的标准构件，如集装箱、脚手架、电缆塔，他能将这些构件用于创造一种新的住宅形式。在材料的选择和制作过程中激发了对住宅常见主题的思考——尤其是对家庭作为一个稳定、舒适和安全的场所的理解。这和班尼·雷恩住宅相似，因为在雷恩住宅这座两层的板房里，很多方面理想化的家庭生活就是围绕在一个预制的门式钢架的工业建筑内发生的。

上图 在新建的厂房里围合原有建筑的设计策略模糊了室内和室外的界限。

顶图 从建筑光亮的侧面和端部透出了建筑内景。

组织

在新建筑中围合了原有的毫无特色的住宅促使新老建筑之间产生了一种令人惊奇的关系。旧建筑经预制的棚子所覆盖之后，原来的室外空间变成了室内空间，而曾经的室内空间变成了套在室内空间中的室内。

室内空间分为三部分。棚子的一端围合了原有的建筑。棚子的另一端建了一座新的三层楼，它包括9间3米×3米（10英尺×10英尺）大小的房间，如卧室、书房和办公室。建筑的这两个主体部分之间隔着一个通高的、开敞的、非正式的客厅"庭院"，客厅内精心布置了家具并铺设了一块大地毯。

原有的住宅包括普通家庭应有的房间——厨房、卧室、浴室和书房。保留了原有门窗，即使不再需要它们遮风挡雨。而夹在新旧建筑之间四周剩余的空间一侧成为了一个封闭的工作室，而另一侧成为了通往花园的门径。

迦尔吉设计了一个花园的门廊，以一个巨大的砌体烟囱为边界，彻底扭转了室内和室外空间的关系。家庭居室中的传统壁炉如今设置在室外的花园中用于室外烧烤。

上图 一块大地毯四周是一个位于新旧建筑之间的"庭院"客厅，地毯上铺设有专为此空间设计的成套的家具。

顶图 在棚子内原有住宅的另一端建造了一座新的三层楼，内有专门卧室、书房和办公室。

左图　通过在棚子内室内化的方式，原有建筑的房间得到了强化。它的特征也通过色彩鲜艳的超现实主义装饰得到了进一步地润色。

细部

建筑空间的暧昧模糊，以及内部空间的变化，强化了普通居家住宅的氛围。在这种背景内，传统的家具和特征表现出了超现实的特征，显得不协调。门廊，一度是室外空间，如今成为了一个有屋顶的升起平台。过去站在建筑阳台上纳

入眼帘的是周围田野景色，现在却是俯瞰工作室和棚子的内墙面。

设计师保留了卷帘门这一工业建筑的语言。棚子的开窗部位与旧建筑的一些开窗部位相对应，保留了景观视线，而且一些大的门窗可以推回屋内

形成原有建筑的组成部分并将室内空间开敞，从而强化了建筑与花园之间的联系。工业预制厂房与传统的板房之间的令人吃惊的反差展示了一种特别的使用现成品的设计方法，这种方法以一种引人注目的方式诠释和扩建了一座传统的建筑。

1 Marcel Duchamp, 'Apropos of Readymades', lecture at MOMA, 1961. Reprinted in David Evans, *Appropriation*, MIT Press, 2009, p.40

上图　住宅的剖面强调了棚子与住宅之间令人惊讶的关系。

右上图　建筑的一层平面。"老"住宅位于右侧。

项　目：格伦莱昂教堂（Glenlyon Church）
设计师：集体创作
建筑师：提姆·奥·沙利文（Tim O'Sullivan）
　　　　室内设计师：西乌斯·克拉克（Sioux Clark）
　　　　景观设计师：梅尔·奥格登（Mel Ogden）
　　　　保护建筑师：阿罗姆·洛弗尔事务所（Allom Lovell&Associates）
地　点：维多利亚，澳大利亚
时　间：2004 年

顶图　插入到室内
的独立的两层高体
块主导着教堂建筑
的室内空间。

上图　不对称的钢
框玻璃门安装在原
有建筑的拱形门洞
上，成为了夜晚暖
暖地照亮建筑入口
的标志。

背景

格伦莱昂教堂位于维多利亚乡村地区，曾经是一个天主教堂。这个天主教堂自1980年以来一直被弃用，直到它的主人——一对教育孩子的专业人士获得了产权，他们想把这座建筑改造为周末度假场所。

1860年，英国设计师查尔斯·汉瑟姆（Charles Hansom）设计了这座教堂，教堂建于一片保存至今的西洋杉树林围绕的小山上。教堂占地200平方米（2150平方英尺），建筑基础为当地所产的石材——青石。室内包括一座两层高的单间房间以及一座位于大厅西侧的单层的附属入口建筑。一排裸露的木桁架断开了室内空间，而数扇高大、简洁的彩色玻璃窗点缀着室内环境。

理念

这是一种看似疯狂的形式，但我们却在这个项目上花了大量时间，只是为了测量并获得空间的体验。[1]

新的室内设计是建立在对原有建筑细致的调研和现有家庭对新居住空间的需求基础之上。设计师对建筑进行了详细的研究，最初是测量和调研原主体建筑，甚至画出了建筑围护墙的每一块单独的石头。对原主体建筑的特征细致的解读充当了创造者的角色，它创造了一个精心设计的插入体，它的建造尺度与教堂的内部尺度一致。这个插入体包含两个独立于原有教堂的大体块。采用这种设计策略类型创造了一种非同寻常的轮廓分明的围护混合体形式，其设置方式与更自由的、更少限制的空间相对立。

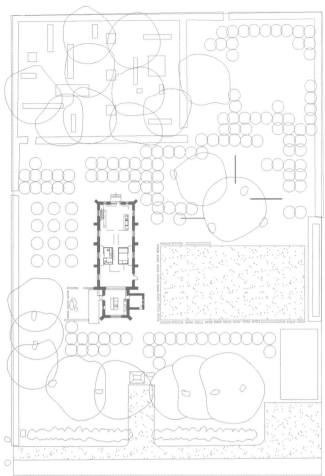

左图 场地平面图显示了建筑的周边环境。

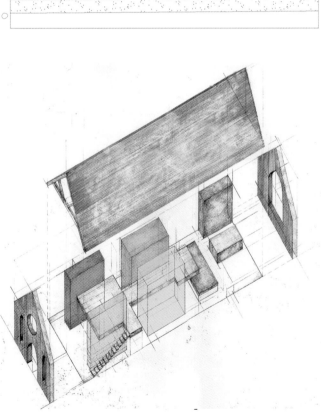

左图 这张概念草图表明了新的插入元素如何占据了教堂建筑的大厅。

组织

这座新的两层高的体块内设儿童卧室，以及上下两层的浴室，浴室供楼上和楼下使用。体块内的一层还设有储藏室和服务设施如洗衣房、厨房储藏室。二层的夹层平面设置了主卧室，它悬挑在一层的客厅上方，形成了客厅的顶棚，利于空间的围合并使得这一休息区域更加私密。它一侧靠另一种要素来支撑——独立的、坚固的黑色钢壁炉座。它划定了客厅区域的边界，在上部形成了主卧室的储藏间。

书房设置在卧室的另一端，犹如一个当代的讲坛，悬挑在餐厅和厨房区域的上方。厨房和餐桌占据了教堂南端的圣坛位置，它曾是原建筑的正式入口。客厅占据了玫瑰窗下方的北部，随意布置的家具和通往上层的楼梯明确了它的空间所在。

细部

原有建筑主要为砖石和木结构，充当了新建筑的简单背景，同时，平整但有裂缝的墙面、漆黑裸露的木屋顶和回收利用的塔斯马尼亚橡木地板构成了一个包容新建筑的中立场景。耀眼的新体块是钢框架结构，其中一个结构体块外覆明亮的浅绿色有机玻璃，另一个结构体块外贴瓷砖，创造一个与原有空间形成鲜明对比的现代建筑。悬挑在两个建筑体块之间的天桥与夹层的地面，是钢和木结构，设置了玻璃栏杆。新建筑的设计是对原主体建筑的比例和肌理的寓言式改造。

新的建筑体块并没有触及原有建筑，然而新建筑的造型却来源于原有建筑的尺度和比例。原有建筑的专属家具就摆设在新定制的家具旁边。厨房的位置是原来祭坛所在的位置，并沿着一张大的独立的操作台设置，操作台的材料为混凝土、钢材和木材。新的 4 米（13 英尺）高的橡木橱柜与天花板的剪式桁架相呼应。餐桌由钢材、绿色的有机玻璃和木材制作而成，所使用的材料的主色调与原有建筑的色调一致。通往上层平面的楼梯栏杆处设置了一个由钢架、木板和有机玻璃组成的书架。一扇新的不对称的钢框玻璃前门取代了原有的实木门，从而可以从室内看到室外的景色。

设计师不仅保留了教堂原有的特色，并在其中融入了新的迷人的居住空间。这座建筑保留了教堂些许虔诚的氛围，同时新的改建将生活融入到原有的场所中。

1 Tim O'Sullivan of Multiplicity, quoted in Stephen Crafti, 'Sanctity of Place', *Indesign*, vol. 20, February 2005, p.141

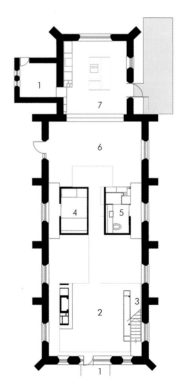

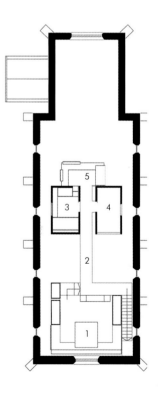

上图和顶图 建筑室内的大剖面。

右图 一层平面
1 入口
2 客厅
3 通往上层的楼梯
4 卧室
5 浴室
6 餐厅
7 厨房

最右侧图 上层平面
1 主卧室
2 天桥
3 卧室
4 浴室
5 书房

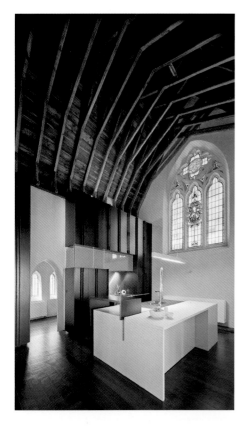

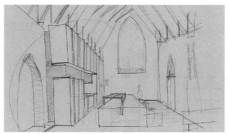

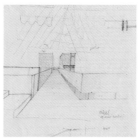

顶图 早期的厨房草图。

左图 上层的走道和建筑体块草图。

右图 陶瓷复合材料的建筑体块草图。

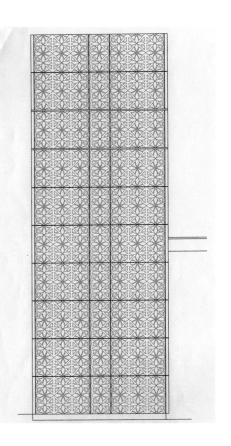

左图 厨房全白的混凝土和木制操作台，以及高大的橡木橱柜与教堂深色的天花板形成对比。

上图 主卧室夹层下的客厅，夹层局部由混凝土和钢壁炉座为支撑，如图右侧。

大约从 1890 年至 1990 年的近 100 年间,办公室一度代表了现代主义的原型,它是一种理性的生产和管理场所,它的设计几乎完全取决于管理效率的方式,而它对当代文化的重要性被机械化进程的依赖性所排斥。[1]

在本章中,普通的术语"办公"(work)用于指代空间的占用,包括各种类型的生产和制造——建筑必须能够应对促进以知识为基础的工作需求(如教育和文化的工作),或者它们能够成为以办公为基础的生产、管理、总部和社区空间。本章的案例研究反映了建筑改造为工作场所的历史,而在导言中,办公室常作为一种空间典范,探索了现有建筑殖民化的变化模式。

在 19 世纪晚期和 20 世纪早期,当代的办公环境经历了一场根本性的变革。办公场所成为了一种管理和生产的理性和效率的标志,商业的迅速发展以及同时伴随而来的相应行业工人数量的增加意味着办公室的面积需要增容。这些变化加速了工资支付的等级制度和劳动力阶层的分化,这些都是形成全新的工人阶级所必须的条件:在工厂生产线上通行的法则。这一点也体现在职员、工人、管理员的合理有效的分层结构中,他们分属于不同的部门,各自为工作的某一环节负责,直至这项工作移交给下一部门。简而言之,20 世纪的办公室代表了工厂生产线的组织方式和制度体系。

这种布局的空间内涵非常清晰。世纪之交,大公司的办公空间如保险公司、邮购商业

公司和政府管理部门占用了大量开放空间,空间内坐着成排的职员,严格的工作流程体系通常由经理密切监督。这些室内空间通常是按照科学管理体系的原则进行布局,这些盛行的原则是由弗雷德里克·温斯洛·泰勒(Frederick Winslow Taylor)提出的,泰勒研究了工厂的流水生产,特别研究了亨利·福特(Henry Ford)的汽车制造原理。之后,他将这些理论应用到办公工作场所的

研究中。这些理论详细地评估了工人的工作效率,将他们的工作降低到最简单的重复性劳动可以将效率最大化。

办公室典范

1904 年,弗兰克·劳埃德·赖特(Frank Lloyd Wright)设计了位于纽约北部布法罗的拉金办公大楼(Larkin Adminis-tration Building),这是一家有 800 名工人的邮购肥皂公司。它被视为第一个为

对页图 拉金大楼光线充足的中庭，由弗兰克·劳埃德·赖特于1904年设计。

左图 怪异的屋顶延伸到一个律师办公室，由蓝天组［Coop Himmelb（l）au］于1989年设计。

左上图 将旧教堂改造成为一个工作和公共空间是一种比拆除更好的方式，由马修·劳埃德（Matthew Lloyd）设计的圣保罗（St Pau's），地点位于伦敦堡（Bow）。

上图 1904年安德烈·普特曼（Andrée Putman）设计的杰克·郎（Jack Lang）办公室，地点位于巴黎。

大型机构专门设计办公环境的办公楼。拉金家族委托赖特设计能够挑战垄断的泰勒主义原则的先进的办公楼。一个通高的、顶部发光的高大中庭主导着建筑的室内空间。室内空间的组织方式挑战了当时等级制度的空间正统观念。公司的高级职员使用的是明亮的中庭最底部的一层空间，工人则安排在他们上面那层空间里，在等级序列中，有效地扭转了等级结构，从而让工人可以观察到位于下方的管理者。

建筑的最高处是员工餐厅，可以容纳600名工人就餐，餐厅与屋顶平台相连，可以让工人呼吸到新鲜空气。餐厅的家具包括专门设计的8人桌，在餐桌的最窄端有升高的柱子，确保没有人可以坐在桌子的首座位置，强调了办公室的民主氛围。

赖特非常注重室内空间的设计，大量采用自然光线和创造性地使用空调系统表达了客户和赖特的共同愿望：设计一座先进的建筑，营造一种健康、文明的工作氛围。拉金大楼成为了业主身份和理想的象征，而且它的室内与建筑的外观非常和谐一致。

当代的办公空间

太多的钱正花在相对短命的办公室内空间上，而这些室内空间往往容易让人坐立不安。相反地，办公建筑的外立面与室外环境的建筑和经济重要性却在不断减弱。至少在财务方面，建筑学已经迅速沦为室内设计的一个分支——中性的外立面里正在上演真正的戏剧。[2]

与拉金大楼形成鲜明对比的是，20世纪后半叶和21世纪早期办公场所的特征可以表达为对随机应变的灵活空间的需求。当代办公空间变得非常易于识别，得益于其空间迅速变化的能力——速度之快如同市场力量、工人与其需求、技术发展与其对空间的影响驱动

右图 建筑局部的室内景观，餐桌和隔断共同组成了阿姆底特丹 KesselsKramer 广告公司，由 FAT 公司设计，2005 年建成。

最右侧图 商会的"屋中屋"（Haus in Haus）项目，地点位于汉堡，由班尼士奇建筑师事务所设计（Behnisch Architects），2007 年建成。

着它们的变化。室内空间就其本质而言是灵活的实体。如达夫（Duff）之前所述，它们能反应迅速，与包裹它们在内的建筑外立面相比，它们更易于改造。

"办公室景观"（Büroland-schaft）理念尝试将固定僵化的组织方式转化为象征人流和信息流的室内空间。办公室景观设计是为了创造一种新的空间模式以应对人类多种复杂的关系，摈弃僵化的泰勒主义的生产线工作流动模式。办公室景观理念中办公家具设计与布局的重要性——例如，灵活的隔断，植物和休息区域，如咖啡吧使得办公空间不仅更加平等而且根据需要更容易改造。尽管一些固定的设施如电力或照明设施妨碍了这种灵活性，但它仍然预示着办公场所一种

民主的空间形式象征的到来。而创造更加灵活、互动和流动的工作环境的需求降低了建筑外墙的重要性，将新的重心放在布局与家具以及技术和环境对办公空间和办公人员的影响方面。

办公空间的家具

在整个 20 世纪初期，工作场所的重点是不断提高的工作效率，这意味着家具的设计目标是提高效率和促进生产；办公室家具的演变和发展始终遵循一个不变的主题，就是要创造一个有效的工作环境。1934 年在纽约举办的主题为"当代美国工业艺术"（Contemporary American Industrial Art）的大都会博物馆展览中，工业设计师雷蒙德·洛威（Raymond Loewy）设计了"工业设计师的办公室和工作室模型"。流线

型的塑料叠合板和青铜配件采用的是当时流行的现代家用电器的先进技术，如电冰箱、流线型外观的汽车、蒸汽火车，这些都是洛威经常设计的对象。

在整个 20 世纪，办公室家具设计和建造得到了持续的发展。为了提高效率，设计师还进行了一系列相关的研究，如眼一手协调性，桌子的尺寸，工作流程的进一步细化。这些变化包括用平整的桌面取代拉盖书桌以清除丢失的纸张和文件，去除文件格，这些文件格很容易妨碍归档（目前归档是办公室里一个独立的流程）。桌椅的底座被支柱取代以便于清扫，从而降低了办公室的细菌和引发疾病的可能。即使要求办公室保持肃静，也是因为鼓励人们注意力集中和工作的连贯性所需。[3]

流动的办公空间

在 21 世纪，工作场所的空间形式通常采用某种固定类型的办公环境，但也有一些工作场所采用其他形式的办公环境。信息技术的影响——互联网、笔记本电脑和移动电话的普及——迄今为止最大程度地影响了工作空间需求的近期发展，由此创造了一个更具流动性的、无边界的工作环境。这种工作场所的消除，以及各种无线技术的发展，意味着工作变得更加流动化，可以在办公室之外进行工作——在家里、在咖啡馆甚至在车里。

在 20 世纪 80 年代早期，在美国硅谷软件公司所倡导的"休闲"的办公环境中，最早出现了这种流动的办公空间。公司鼓励员工占用非个人所属的办公空间，并通过"虚拟办

公室"（hot-desking）和"桌上冲浪"（desk surfing）的方式运行自如：这是一种适合自由移动和长时间占用程序运算的活动。由于家庭和办公之间的界限变得非常模糊，办公场所的着装标准也变得非常休闲。这种办公方式逐渐流行开来，尤其是在创造性企业和24小时办公的场所——这种灵活性促使工作模式发生了变化，改写了僵化的工作时间和场所的传统观念。

可变的办公空间

既有建筑背景中的建筑设计延展了建筑各种历史阶段的功能，并在这一过程中，将建筑原有的品质延续到未来。[4]

正如布里特林和克雷默所述，建筑的保留确保了城市肌理的延续性。当建筑的外立面的重要性减弱，原有空间的再利用成为问题的所在，即该如何创造一个合适的室内环境让工人高效愉悦地工作。于是产生了更具创造性的室内空间形式，以及原有空间的改造，而过去通常的做法是被弃置或者被视为没有任何利用价值。它们能够再改造和再利用，而不是拆除多余的部分。教堂能够成为社区空间同时还能保留它们的宗教用途；19世纪的建筑能够改造成为大学的新教室，等等。

改造既有建筑也意味着强调要设计一种新的思路去理解工作场所的复杂需求。在弗兰西斯·杜菲（Francis Duffy）撰写的《新型办公空间》一书中，新的室内工作空间居住策略被定义为工作形式的分析和新的居住形式的需求。杜菲认为有四种形式的办公空间——巢居，密室，穴居和社团。

"巢居"（Hive）是因为这种办公空间能够比作蜂巢，被忙碌的工蜂占据；"密室"（cell）是因为它们能唤起僧侣们居住的禁地……"穴居"（den）是因为这是忙碌的互相影响的地方，通常以团队的形式工作；社团是因为离新的业务办公室最近的地方之一是老式的绅士俱乐部。[5]

将建筑改造为工作场所需要绘制家具比例图，如为法国文化部长杰克·郎（Jack Lang）设计的办公室：经过精心设计和建造的某一时代的品位高雅的"社团"型办公空间。

其他办公环境将建筑外立面融入到室内，为入驻的公司创造了一种震撼的效果。在维也纳蓝天组设计了一间"像穴居的律师"办公室，它位于一座优雅的18世纪建筑阁楼处。中央为玻璃和钢架组成的雕塑般的会议室主导了400平方米的办公空间。这座非同一般的

既有建筑和空间的改造为居住者提供了一种独创的崭新空间造型，传递了公司的独特个性。

这些策略引领着全新的室内知识体系的发展，融合了工作中的空间景观、围护结构、内外隔间。在FAT设计的一个项目中，一座位于阿姆斯特丹的废弃教堂成为了一家荷兰广告公司KesselsKramer的办公场所。众多要素构成的室内空间形成了一个工作、休闲和展示公司作品的环境——一座堡垒、一个棚子、一个救生员的瞭望塔、部分足球场地、野餐桌、树篱和围栏。客户从跳蚤市场买了一些装饰物、摆件和零碎家具。班尼士奇的"屋中屋"项目包括改造新古典主义的汉堡商会，以容纳一个新的商业启动中心，以及为会员、客人和参观者服务的咨询、展览、会所和会议室等配套设施。这两个项目的改建要素都独立于将其包裹在内的建筑外立面。

在现代的工作环境中，技术发展和可持续理念映射了建筑外立面与其室内之间不断变化的关系。计算机技术、数字存档体系、无线技术、家庭办公和云技术实际上已经否定了任何实体围护结构的需要。可持续的和健康的工作环境已经成为重要的因素以降低人类对

地球的资源影响，并确保建筑空间对员工的健康无害。可持续发展的办公室设计部分是考虑使用的材料（如取材于可持续生长的树林或可循环利用的塑料），也要考虑自然采光和自然通风，利用高效能源技术。

建于20世纪30年代的绿色和平组织前实验大楼改建是一个环境和生态改造案例，由菲尔登·克莱格·布拉德利工作室设计，它选用了多种低能耗的设计元素和材料。经过精心挑选的材料将制造和使用过程中对环境的影响最小化，最后当办公楼改造完成时，材料是可以处理的。这个项目最大程度地利用了原有建筑的开窗区域，提供了可控的自然采光和通风，通过一个综合供热供电发电厂供热供电。在建筑中央部位插入一个新的室内楼梯为建筑四层的不同空间提供便捷的交通组织，同时通过烟囱效应（stack effect）的通风系统促进室内空气的流动。

无论穴居，社团，巢居或密室是可持续发展的还是技术先进的模式，本章所展示的建筑经过改建创造了各种类型的办公空间。

1 Jeremy Myerson, 'After Modernism: The Contemporary Office Environment', in Susie McKellar and Penny Sparke (editors), *Interior Design and Identity*, Manchester University Press, 2004, p.191

2 Francis Duffy, *The Responsive Office: People and Change*, Steelcase Strafor/Polymath Publishing, 1990, p.8

3 Adrian Forty, *Objects of Desire: Design and Society Since 1750*, Thames and Hudson, 1986, p.126

4 Stefan Breitling and Johannes Cramer, *Architecture in Existing Fabric*, Birkhäuser, 2007, p.199

5 Francis Duffy, *The New Office*, Conran Octopus, 1997, p.61

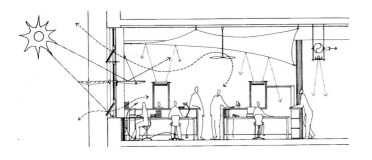

左图　绿色和平组织新总部大楼的剖面图展示了办公室内光线和空气运动的轨迹，促成了健康的工作环境。

项　目：办公室景观（Bürolandschaft）
设计师：埃伯哈德·施内勒（Eberhard）和沃尔夫冈·施内勒
　　　　（Wolfgang Schnelle）/ 天生好手（Quickborner Team）
地　点：德国及其他
时　间：1959 年 –

上图和左图　大面宽、大进深的慕尼黑欧司朗（Osram）公司大楼，由沃特·亨（Water Henn）于 1955 年设计，室内办公空间为景观式办公。

背景

自 19 世纪晚期以来，办公空间的设计成为了一种激进实验和创新策略，广泛地用于规划、管理和容纳人员办公。其中一种策略是"办公室景观"（Bürolandschaft），或者叫作"办公环境美化"（office landscaping），这种设计方法由埃伯哈德·施内勒和沃尔夫冈·施内勒两兄弟于 1959 年提出，该组合后来成为了知名的天生好手（Quickborner Team）。

办公室景观用于很多办公场所，尤其适合于许多大型公司，如欧司朗、克虏伯（Krupp）、伯林格（Boehringer）、尼诺弗莱克斯（Ninoflex）、奔驰（Mercedes）都是这种室内规划策略的早期使用者，从 20 世纪 50 年代后期直至 20 世纪 80 年代早期，这一策略盛行于欧洲和美国。

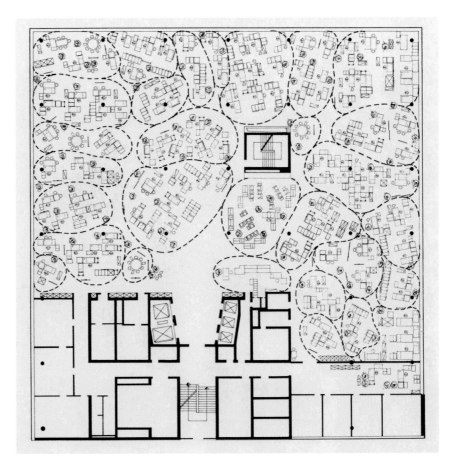

左图　欧司朗办公大楼的平面，家具成组布置的方式促进了人员和信息的自由流动。

下图　欧司朗办公室非正式的、看似随意的室内组织方式建立在深入地分析和理解公司人员和信息相互影响的基础上。

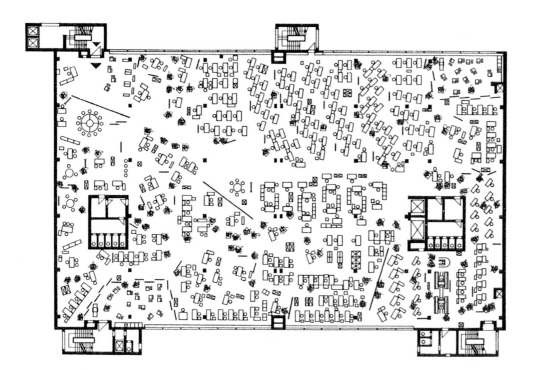

左图 许多办公空间采用这一策略产生了类似的效果。贝塔斯曼（Bertelsmann）公司办公室，地点位于居特斯洛（Gütersloh），设计时间为 1961 年。

左图 贝塔斯曼公司办公室的室内。家具和植物的布置方式形成了空间中的人流路线。

理念

办公室景观……反映了一种意识，即办公室工作是人们聚在一起从事的一种基本仪式，它涉及到持续不断的工作，从一组桌子流向下一组桌子。[1]

直到 20 世纪 50 年代中期之前，办公空间的设计普遍遵循泰勒主义的原则。它涉及到将科学管理理念应用到办公空间的组织当中，其目标是为了提高员工中信息流动的效率，这一观点以弗雷德里克·温斯洛·泰勒的名字命名，泰勒是一位美国工程师，非常崇敬同时代的生产体系模式的设计者亨利·福特。

在 20 世纪 50 年代末期，埃伯哈德·施内勒和沃尔夫冈·施内勒（Wolfgang Schrelle）设计了一套体系，它建立在更加平等和人性化的布局理念基础之上。办公室景观是一种理性的、系统的理论，它将公司组织在一个更加自由的空间环境当中——它建立在非等级化办公平面布局基础上。诸如外表、地位、认同和传统等观念都属于次要的位置。

这种室内空间组织方式使得建筑具有更好的服务功能，也更易于全方位机械控制，这就促使人们重新思考其他方法，即如何在大面宽、大进深的室内空间中组织和协调大型公司——这种设计模式迅速成为了大规模办公设计的典范。

这种设计策略的首要任务是建立公司现有的内部交通系统。然后分析一段时间内每个不同的部门与其他部门之间的"商务"（commerce）联系，获得这些联系的频率和重要性。最终生成员工和部门的大量网络信息图表，逐步添加上相应的家具和技术需求。这些图表中甚至要添加上接电话以及喝咖啡的时间。之后这些信息用于设计一系列的办公平面，它们最后形成办公室的全新布局方式。

组织

典型的办公室景观平面布局内设自由和开放的规划空间，家具成组布置，布局看似随意。这种规划方式可以演变成多种不同的形式，但最基本的布局方式的目标是促进人的自由流动以及信息的流通。该策略有很多优点。当平面规划布局的同时考虑到流动和办公场所时，它否定了明确设定专门的交通路线的必要性。它也是一个非常高效的规划方式，当人们更加频繁地经过他人办公桌旁时，它缓解了社交的相互影响。另一个创新的理念是 Pausnraum（休息室）的设置，这是一个便捷的场所，可提供从咖啡到整套餐厅的服务。24 小时提供食物和饮料吸引员工在他们想休息时就去休息，而不是遵循泰勒主义模式等着"官方"（official）规定的休息时间再去休息。

办公室景观是从工作效率的研究和办公室家具的演变逐渐发展而成。它的设计方便调整以满足办公场所中员工组群的增加和减少。这一策略的灵活性，以及管理者和员工之间障碍的清除是非常关键的一步。它的观点是公司各等级的公司员工都可以坐在一起闲聊，而且他们随时可以从工作中暂时摆脱出来，这一革命性的观点与泰勒主义模式形成了鲜明对比，后者遵循的是严格管制的工作场所制度。

细部

在创造办公室景观之前，施内勒兄弟一直是家具设计师，并经营了一家公司，专门销售纸张、家具和包括归档系统的办公设备。正是因为这些产品和系统之间缺乏协调，促使他们将办公场所作为一个整体进行研究。办公室景观的设计理念正是基于家具设计的比例，而需要处理的关键在于解决私密性和噪音问题。

办公室景观是最早将办公场所家庭化的设计理念之一。它通过成组地布置家具实现这一目标，复制了家庭设施并使用家庭物品，如厚实的地毯、植株和低矮的隔断用以分隔较大的、开敞的平面区域。这保持了一定程度上的私密性，同时并没有将员工之间隔离开来。这些平面与材料的声学性能也非常重要，它们有助于降低室内的噪声。顶棚通常保持较低的高度（2.7 米、9 英尺）以减少噪声。

Quickborner 通过消除分区的方式摆脱了封闭的办公室与几何网格。这一做法彻底推翻了办公场所建立的传统等级制度，建立了一个平等的办公规划体系，这一体系在之后的 20 年间一直颇受欢迎。

---

1 Francis Duffy, 'Skill: Bürolandschaft', *Architectural Review*, February 1964, p.148

项　目：Llauna 学校（La Llauna School）

设计师：安恩里克·米拉莱斯（Enric Miralles）和卡门·皮诺（Carme Pinós）

地　点：巴达洛纳，加泰罗尼亚，西班牙

时　间：1984—1986 年和 1993—1994 年

上图　学校底层的游戏场场地通过剪刀楼梯和坡道由上层平面进入。

左图　拆除了工厂西南侧的砌体墙，插入了一个由钢架和玻璃组成的新入口，入口处设有一扇宽大的曲面推拉门。

背景

该项目是将巴达洛纳市里（巴塞罗那部分市区）一栋老印刷厂改造为一所只招收男孩的小学。项目的一期工程建于1984~1986年间，主要是重新设计入口和门厅。意外的是，由于预算的变化，这一项目扩大，于是1993年委托重新设计整座学校。

三层的钢结构主楼被周围的建筑牢牢地限定在基地中，坚固的建筑结构和基本预算意味着建筑师需要构思出一个创造性的方案以满足项目的需求。

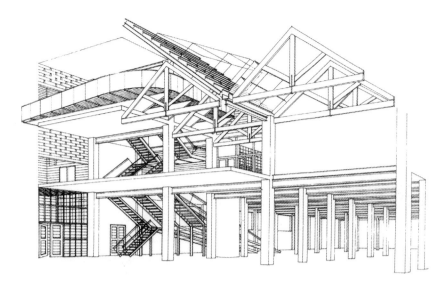

左图 室内透视图展示了一层的游戏场地和插入到原有建筑结构中的新楼梯。拆除了顶层屋顶桁架更有利于设置新的顶层空间。

左图 全新的灯具、混凝土和玻璃砖墙面、光亮的混凝土地面进一步充实了格构梁结构和建筑室内扁平拱工业造型。

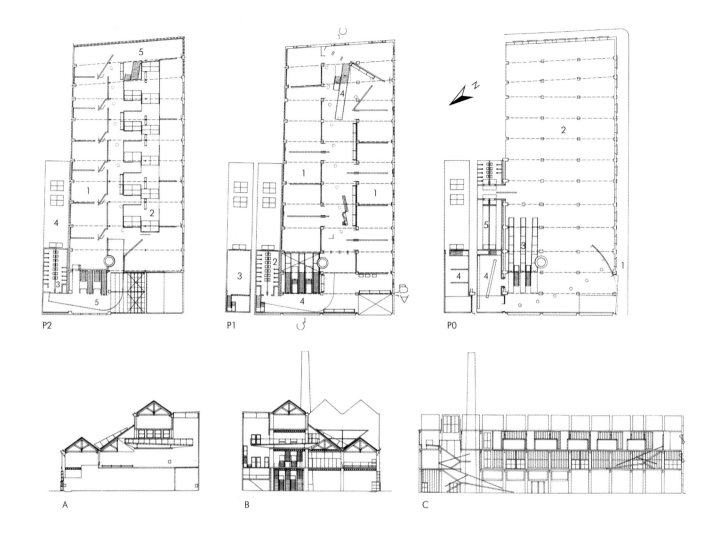

P2　　　　　　P1　　　　　　P0

A　　　　　　B　　　　　　C

理念

　　既有建筑充当着激发建筑师想象力的作用：许多新的理念，设计与建造的乐趣，坦率直接的材料处理方式——这些元素全都作为既有建筑的设计出发点，为项目的设计做出了贡献。[1]

　　原有的工业建筑提供了一个充满了粗野气息的工业建筑空间，它正适合项目主题的要求，即提供一个能够容纳众多精力充沛的小孩的坚实可靠的环境。当米拉莱斯和皮诺改造这座建筑时，针对建造的预算紧缩和工期限制，他们的重点在于三个方面的改造策略：新建的服务区域、新的入口以及整栋楼交通路线的重新设计。他们从活泼好动的使用者小孩身上提取了最大量的戏剧元素，从而设计了实用的布局方式，将学校的不同室内空间围绕着一个大型的室内活动场地布置。这使得小学生们可以安全地在建筑内玩耍，也培训他们在要求集中精力学习的教室和办公场所保持安静。

左上图　两个小剖面图显示了如何通过屋顶桁架的变化容纳新的二楼。

上图　大剖面显示了建筑的结构如何影响室内房间的布局。

P2
1 教室
2 教研室
3 洗手间
4 屋顶
5 交通空间

P1
1 教室
2 洗手间
3 办公室
4 交通空间

P0
1 入口
2 活动场地
3 交通空间
4 办公室
5 洗手间

上图　楼梯的顶层平台。

上图　上层的新阳台以及如今实际多余的屋顶桁架。

组织

这座建筑采用的是简单却非常有效的空间组织方式。一层平面留空作为室内活动场地。此处孩子们可以在建筑的柱子间肆意奔跑，且不受气候影响。位于一层平面上方的是两层教室和教研室。建筑严谨的结构预示了室内各层的布局方式。结构的比例可以有效地在柱网内安排教室、实验班和办公室的布局。

三层平面处的结构有细微的调整，拆除了几榀屋面桁架，从而可以设置新楼梯的前室，安装的这部新楼梯可以连接各楼层。新的垂直交通空间包括几部很有趣的剪刀坡道和楼梯，它们开槽嵌入于柱托架之间的挖空处。

学校壮观的新入口需要拆除西南外墙的砌体，只保留完好的承重柱。插入到空间中的是一道大的玻璃和钢材组合而成的墙面，包括一扇自动的曲面钢丝网大门，当大门打开时，它移动到游戏当地中。新加建的部分位于建筑的东北部，占用了学校可用的一处狭小的地块，是一座三层的服务楼，内有管理办公室和洗手间。

细部

既有建筑的工业性质意味着建筑师能够利用粗糙坚硬的建筑面层去营造一个适合小孩的粗犷的环境。建筑结构尽可能地暴露，露出铁柱和格构梁结构，它们共同支撑着小型砌体扁平拱，扁平拱是工业建筑中常见的用于承受楼面荷载的构件。

设计师进一步充实了这些原始粗糙的表面，教室、办公室和实验班选用了砌块墙的屏幕和玻璃砖的墙体。它们采用抛光的混凝土地面，服务设施如散热器、灯具和空调管道都如同雕塑构件暴露在空间中，为建筑环境增添了工业的氛围。超大尺度的长凳和教室座椅等家具坚固牢靠，能够承受小孩的撞击。楼梯间为钢结构制造而成，设有网格栏杆和厚木板踏步。当楼梯自顶层下来时，变成了三部加长的坡道，延伸至活动场地内，使得孩子们以最高的速度跑进他们的游戏区。

1 Philippe Robert, *Adaptations: New Uses for Old Buildings*, Princeton Architectural Press, 1989, p.70

项　目：梅特罗波利斯录音室（Metropolis Recording
　　　　Studios）
设计师：鲍威尔 – 塔克（Powell-Tuck），康纳和奥雷
　　　　费尔特事务所（Connor & Orefelt）
地　点：伦敦，英国
时　间：1990 年

上图　录音室的咖
啡吧楼层。

左图　发电厂外立
面的爱德华七世
时期的砖和波特
兰石。

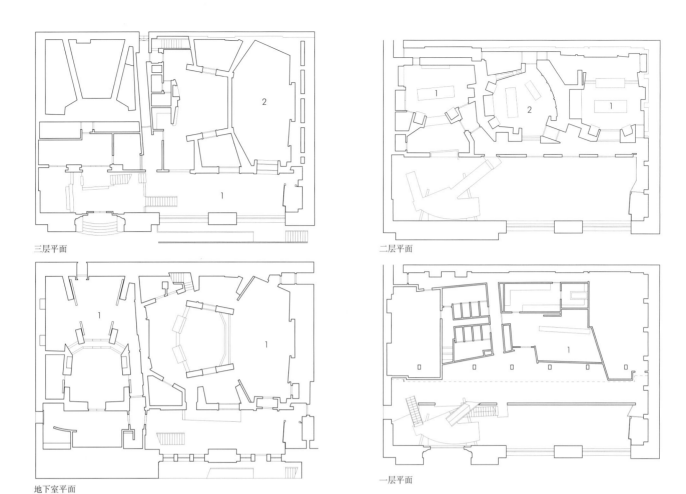

三层平面

二层平面

地下室平面

一层平面

背景

19世纪末，威廉·柯蒂斯·格林设计了重要的奇西克发电厂，它采用了爱德华七世时期的砖和波特兰石。1901年电厂开始运营，为新西伦敦的电车业供电，但是仅运营了10年之后于1911年被废弃。汽轮机从这座被列入文物保护名册的建筑中移出，这座建筑一直空置到1985年才得到允许将该地块改造为公寓和办公室。

1986年，梅特罗波利斯接管了当时还处于空置状态的发电厂，他挑选了四级（four-pratice）竞赛入围名单中的鲍威尔－塔克、康纳和奥雷弗尔特事务所设计一个新的录音室。

顶部左图 一层平面包括一间工作室（2），通过前门和接待处可以到达内部"街道"（street）（1）所在位置。

顶部右图 顶层有两间工作室（1），工作室之间通过一间中央控制室（2）连接。

左上图 位于地下室的工作室（1）。

右上图 二层平面中的咖啡厅（1）。

右图 楼梯下的照明放大了室内交通空间的影片投影效果。

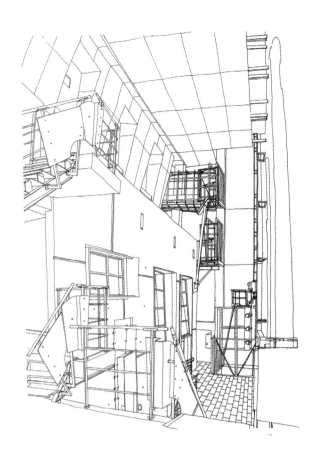

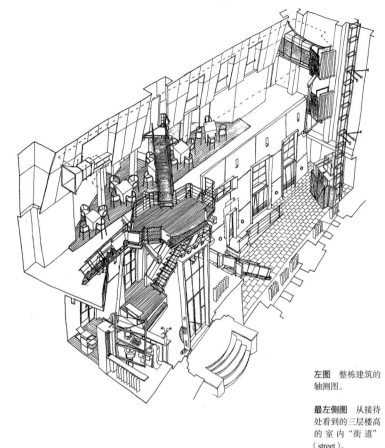

左图 整栋建筑的轴测图。

最左侧图 从接待处看到的三层楼高的室内"街道"（street）。

理念

我们所追求的是唤起精神，而不是去捡取汽轮机的原件或老旧设备的零碎部件，这些都是模仿作品。我们追求的空间中充满了逝去的灵魂，（它是）一种介于永恒的外壳与其经历之间运动的表达。我们的意象反映了穿越历史和岁月的事物。[1]

如同工作室取名源自电影的意象，发电厂的室内，曾经是一副繁忙嘈杂的景象，如今却成为了新工作室的构思理念。具有讽刺意味的是，录音工作室通常设置在能够非常精准地吸收和录制声音的房间里，远离噪声的干扰和外部喧闹的掺杂。录音室通常隐身于封闭的空间中，如地下室或与外界喧闹完全隔离的环境中。这也就意味着工作室通常没有采光，缺少新鲜空气，也看不到外面的景观。

设计师的想法是要改变录音过程的封闭性，同时不降低高规格录音室所需的空间和装备品质。这一点体现在了建筑动态的"分隔"（split）中，即一部分是半公共区域，一部分是私密区域。新工作室既是城市的一个组成部分，同时也是隐退的隔离空间，适合于专业环境中录制声音。

组织

室内空间组织围绕着将私密的、隔离的录音室空间从开放的"休息"（breakout）空间中有形地隔离开来。这体现为建筑内一道三层高的实墙体，它从地下室一直延伸到三层楼面处。这道墙使得设计师得以创造了一个大型的垂直"街道"（street），它不仅有利于交通组织，还使得光线、空气和景色通过建筑原有的高大的拱形窗进入室内。

设计任务书要求有5间录音室/混音室，娱乐休闲空间，一间酒吧/餐饮室和若干间录音管理的办公室。其中三个录音室，包括配套的控制室、小房间、机器和放大器室，设置在室内的地下室和一层平面。另两个录音室设置在建筑的顶层。封闭和开放空间的实体分隔与通过墙体的视觉联系形成了对比。它们表现为一系列的洞口，通过光线、景观和必要时的空气缓解建筑内部运作的封闭隔离状态。餐饮室和酒吧位于下层的工作室上方，并留出了平台空间，让人们可以在后退的平台上看到街道的景观。街道的两端是交通空间，位于接待处一端的是精心设计的钢木楼梯，有平台、天桥和坡道，位于另一端的交通空间是解构式暴露的服务电梯。

细部

现有建筑的构造风格向新的室内空间传递了一种同样坚固粗野的细部设计风格。砌体、玻璃砖、釉面砖、钢制重型机械的混杂唤起了原始的设计语言：石锤修琢混凝土、露天的彩色砌块、裸露的彩钢结构、实木地面、未经粉刷的石膏墙面。

"街道"是一个内衬回声材料充满"现场"声音的空间，充满了人们穿过空间时或在酒吧畅饮时的闲聊声。而工作室的声学特质要求一种不同且非常独特的面层材料。这些工作室——形状不规则是为了避免讨厌的回声——用不同的材料完成的。其中一间是用亚麻布完工的，目的是为了"减弱"（deaden）声音；另一间是用枫木贴面的木板面层，目的是为了产生一种温暖的声音；然而还有一间采用的是生石膏制造一种"现场"声音等。每个空间的面层材料都经过了精心的调整以获得一定范围内的声学特性。

由于原址有19间公寓，以及5间产生大量噪声的工作室，室内空间的隔离和限制不得不需要精心考虑。混凝土地面上铺设了橡胶垫，实墙也包裹了橡胶面层，将工作室区域与建筑的结构分离开来，因为这是噪声传递的可能来源。顶棚悬挂在橡胶支座上，墙体也是绝缘的。整体效果就是录音室的隔离与安静的并置，以对抗城市与室内街道的活力。

1 Julian Powell-Tuck, quoted in *Designers Journal*, November/December 1990, p.6

顶部左图 精心设计的钢木楼梯连接着工作室的所有楼层。

顶部右图 楼梯的对面是原来的服务电梯，如今被解构目的是为了暴露它的机械构造。

上图 咖啡厅。

右图 枫木贴面的木板作为工作室的内衬，消除了房间内的死角，以减弱任何的反射声。

项　目：德肖基金办公室（DE Shaw Office）

设计师：斯蒂文·霍尔建筑师事务所（Steven Holl Architects）

地　点：纽约，纽约州，美国

时　间：1991—1992 年

左上图　具有梦幻氛围的第 39
层两层通高的接待区域。

上图　主会议室可以观赏城市
摩天大楼的壮观景色。

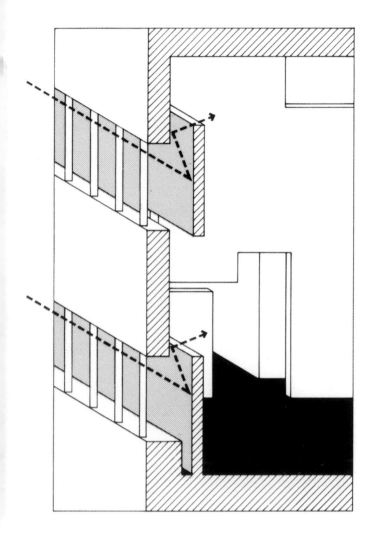

背景

　　这项工程的主体建筑是一座毫无特色的金字形神塔状摩天大楼，当它升到40层的高度时开始逐步退台，就是为了满足严格的曼哈顿分区和照明规定。德肖基金办公室占据了办公空间的顶部两层楼。该项目的预算是70万美元，改造的有效办公空间面积为1115平方米（12000平方英尺）。

左图　通过给屏蔽墙的背面着色可以精心控制和调节光线，成为发光的广告牌涂料，充当室内空间的内衬。

下图　项目的轴测图展示了开口策略如何与办公空间连接。

理念

　　我想说我对理念起源的哲学本质非常感兴趣，但我并不止步于此。我努力尝试去发现理念的现象学潜质[1]。

　　德肖基金是一家金融交易公司，由计算机科学博士大卫·德肖（David Shaw）于1988年创建。这是一家非同寻常的公司，拥有一支精英的数学家团队，每天分析全球市场上的股票和股份数据，日均交易量达成百上千。

　　由于需要应对全球股票市场不同的开盘和收盘时间，公司一直保持24小时营业，每周七天上班无休。公司员工必须全周日夜轮班，只能在东京证券交易所收盘和伦敦交易所开盘之间的几个小时暂时休息。

　　商业交易的无形特性、员工的工作时间以及项目非同一般的选址促使霍尔创造了一种可以采用自然和人工照明控制的室内空间形式。最终的效果是在空中营造了一种梦幻般的室内空间氛围。

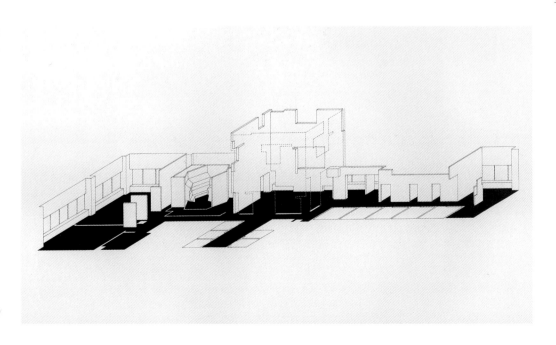

组织

从 39 层的电梯出来，室内便是两层通高的接待区域。10米（30英尺）见方的立方形接待区被视作一种巨大的微型集成电路片，它们镶有边框、刻有孔洞和凹槽，暗指通过这间办公室的不可见数据流。两层高的空间内衬为白色涂料的石膏板屏幕，用以调节进入室内的光线，从而可以在白天和夜晚创造一种梦幻般的光线。新的内衬充当了滤光镜的功能，不仅屏蔽了光线，也框定了城市的景观。凹槽浓缩了邻近摩天大楼立面的景观，将它们生成了抽象的电脑主板。

这类商业的机密和集中特质意味着主楼必须设计成一系列腔体式的小间空间，使得数学家们可以不受打扰地在其中工作。这些房间设置在建筑端头的两层办公空间中，并且可以经接待区到达。办公室采用了自然光，尽管光线是经过精心的控制以减轻电脑屏幕上的眩光。接待区的西侧是一间六边形的交易中心和两间总经理办公室。这些办公室都可以观赏到曼哈顿的美景。

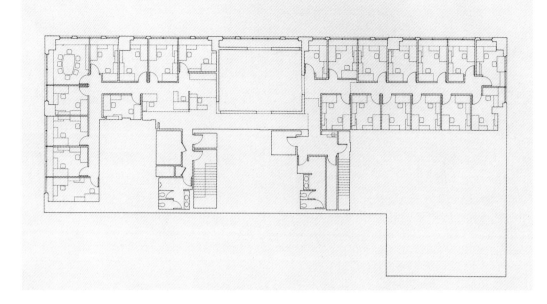

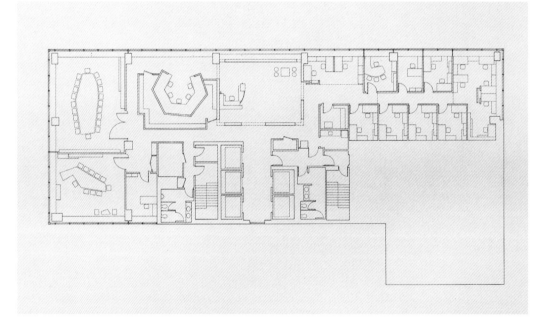

顶图 交易员的小间办公室占据了顶层平面。

上图 底层平面。接待区位于空间的中部，紧邻电梯与楼梯交通核心。会议室和主会议室位于左侧，办公室位于右侧。

细部

该项目的独特选址给设计师创造了一系列特定场地的优势。然而，它也带来了特定场地的特别困难，以及有限的预算，它们共同限制了材料的选用。

霍尔选择"片岩"（sheet rock）的面板或者石膏板形成了立柱墙的构造，将它作为接待区的墙体。这些面板为轻质材料可以用电梯运送上来，而一旦它们组装或建成，则呈现出砌块墙体的坚固特征。充足的自然光只是一个假设，还需要人工照明补充。接待区的屏幕上设有凹槽，没有使用任何滤光镜或色彩，而是上面涂

以发光的广告颜料充当了反射器，将柔和的彩色光线投射到室内，赋予空间一种彩色的光芒。这种做法产生了一种宁静、休闲的空间氛围，无论员工们在任何时候开始他们的工作。

对于总经理办公室和会议室，设计师采取的是接待区的几何装饰的语言，将它的比例运用到定制的家具和照明设计。在主会议室中，一张巨大的拉丝不锈钢会议桌面，中间嵌以磨砂玻璃面板，采用了与接待室的墙体同样的黄金分割比例。内设陈列装备的壁柜同样采用凹槽的切口和不规则

形状的门建造而成。桌子上方的吊灯照明是专门设计的，原因在于缺少适合的这类现有成品。这些灯具包括悬挂在细长的黑色电线上的派莱克斯（Pyrex）耐热玻璃筒灯。

现有建筑独特的位置、有限的预算和项目非同一般的品质要求促使霍尔创造了一种有氛围的办公空间供员工全天候使用。

---

1 Steven Holl, *Steven Holl 1986–1996*, El Croquis, p.17

下图和左下图 接待区开有凹槽的墙面投射出的彩色光线全天都在变化，并且光线反射在黑色光泽的树脂地面上。

项　目：反应堆工作室（Reactor Studios）
设计师：Brooks + Scarpa（原来是 Pugh + Scarpa）
地　点：圣莫尼卡，加利福尼亚州，美国
时　间：1998 年

上图　公司的会议室位于拆解的集装箱中，集装箱安装在原有建筑的窗口部位。

左图　装饰艺术风格的车库是一个高大的单层开放空间，临街是大面积的玻璃窗。

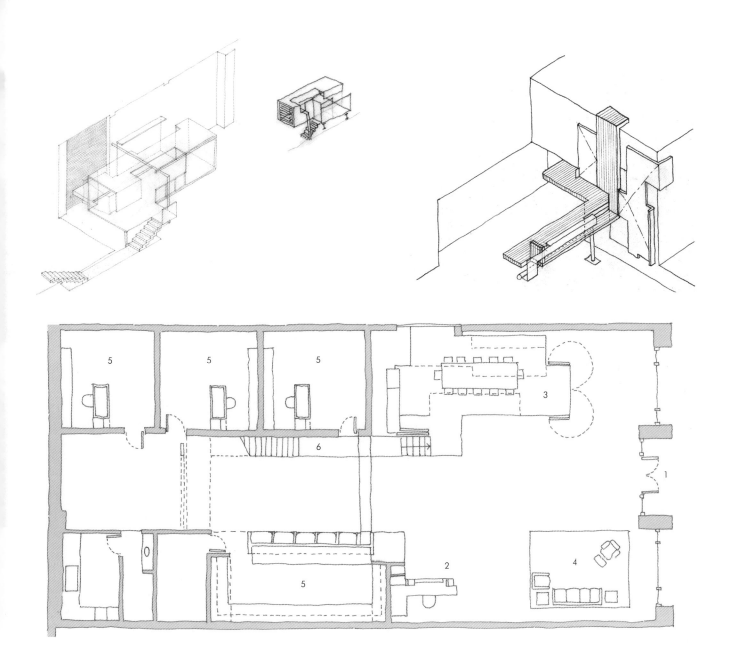

背景

Brooks + Scarpa 接到委托任务，将一座位于著名的圣莫尼卡街道的装饰艺术风格的车库改造为反应堆电影公司的工作室，这个工作室制作电视广告和音乐影片。

这座建于 20 世纪 30 年代的车库，有着宽敞、两层通高的顶棚，其曾经的用途是美术馆和摄影工作室。然而，政府颁布了一则非同寻常的针对圣莫尼卡中心区海边步行区条例，要求建筑的正立面区域，即进深 15 米（50 英尺）并平行于第 4 大街的区域，必须延续公共林荫大道的风貌。这一条例意味着必须变戏法地建造一个与街景相配套的突出的附属物，以确保建筑室内的前部与它的背景环境协调一致。

顶部左图 分析性草图详细地描述了集装箱拆解为会议室的方式。

顶部右图 接待前台的轴测图。

上图 一层平面图。
1 入口
2 接待
3 会议室
4 等候区
5 办公室和生产空间
6 通往阁楼的楼梯

1

上图 1 在进入旧居车库之前，开放式平面空间非常容易接受。

上部右图 3 接待空间中折叠的钢桌和优雅的设计师椅子置于地毯上。

右图 2 顶部照明的接待前台的木质表面可以折叠，昭示了它在房间中的位置。

远右图 4 会议室悬空在地面上，以混凝土底座为支撑，可通过混凝土踏步进入。

2

3

4

理念

在不熟悉的背景中熟悉的事物呈现出来的感觉既新鲜又怀旧 [1]。

计划从初步设计到入驻共计 14 周的时间，以及有限的预算，迫使设计师不能选择耗时和昂贵的新建大体量建筑。他们认为理想的解决方案应该是采用预制的可改造的构件。

正如本书前面提及的，"现成品"（readymade）这一术语首次被用于描述 Marcel Duchamp 的作品理念。他最著名的预制成品是"喷泉"（Fountain），一侧摆着一件陶瓷的小便器，上有"R. 马特"（R. Mutt）的签名。它展出于 1917 年独立艺术家协会的展览中，激起了强烈的抗议，并在展览开幕式上被禁展。"Readymade"如今成为了一个术语，用于描述现成的物品，是一种能置于陌生语境中的常见物品。在这项周期短、速度快、造价低廉的项目中，设计师选择了波纹钢预制的集装箱来满足项目的限制要求以及建筑相关的城市区划法。集装箱的尺寸可以容纳16人围坐在一张桌子前面。它的建造方式简单、可预制性和经济性提供了一种便捷的动态安装模式，用以创造与公司相适应的空间。

组织

工作室包括办公室、会议室、电影制作空间、视频库的档案室，以及员工用房如厨房和休息室。其立面的典型特征为大的落地窗，以及其他一些可以移动的构件，为集装箱会议室的安装提供便利。它围绕

着一个开敞式入口大厅组织空间，有两条蜂窝（cellular）办公空间组成的过道深入到平面当中。一座混凝土和钢楼梯位于房间的一侧，紧贴导演办公室的墙，楼梯将上层和下层楼面连接起来。简洁的房间布局和办公室巨大的开放前厅让参观者进入到空间后很快就能熟悉他们的环境。而位于大厅深处接待室的前台强化了这一点。

细部

除了预算和工期的考虑，改造650平方米的空间为公司树立良好的形象也是非常重要的一个出发点。基于公司形象的需要，室内的舒适性和个性特征需要与它的艺术和技术要

求相匹配。

集装箱会议室只是设计师专为公司设计的其中一个独特的个性特征。可循环利用的集装箱被拆解切割为波纹钢的面板。片状的玻璃、木板、低合金高强度钢与面板共同构成了三维的空腔和表皮智力游戏。集装箱可以根据需要拆开，也可以展开，或者可以围合，也可以封闭。集装箱在某个周日的清早安装好后，用叉车穿过巨大的前窗，运到预制现场的混凝土底座上。

总体而言，室内设计成为一种流体的表面，将所有的办公空间联系起来，大胆地提升了会议室的典雅气质。涂白的墙体和抛光的混凝土地面作为

中性的调色板创立了室内主要的色调背景，更加突出了会议室。接待室前台设计非常新潮，由一系列折叠的木板组成了一张桌子，还可以翻转形成一块薄薄的、直立的屏幕，向所有经由前门而来的粗心的参观者宣告自身的存在。地板上铺设有一块巨大的地毯，界定了接待区前部的等候区域。一张优美的可折叠的低碳钢桌子安放在地毯上，周边放着几把设计师的椅子，创造出一种舒适的环境，以消除周围环境中粗糙的表皮带来的不适。

1 Robert Venturi, *Complexity and Contradiction in Architecture*, Butterworth Architecture, 1977, p.41

下图和左下图 可以用各种方式改造集装箱，取决于会议室使用者需要的私密性程度。

项　目：乌得勒支市政厅（Utrecht Town Hall）
设计师：恩利克・米拉莱斯与贝内德塔・塔格里亚布（Enric Miralles and Benedetta Tagliabue，EMBT）
地　点：乌得勒支，荷兰
时　间：2000 年

顶图 市政厅的婚礼用房。不拘礼节的房间格局可以通过额外布置的壁炉和各种奇形怪状的座椅得到印证。让人回忆起过去客人们带着自己的家具去参加婚礼庆典的时光。

上图 市政厅的新入口使得建筑完成了 180°的转向，这一变动让建筑朝向一个崭新的公共广场。

背景

为了设计乌得勒支新市政厅，EMBT 带着如外科手术般的精确的态度，仔细研究了大量现有的建筑。设计师位于 31 名受邀竞赛入围者之列，并在最终入围的两人名单中胜出，他们用大量的方案草图详细介绍了新建筑的设计理念。改建的地块里包括许多 13 世纪的建筑。时间跨度从中世纪的住宅到 16 世纪的公馆和布馆，经历了 19 世纪新古典主义的风格转变。EMBT 认为必须仔细地分析这一基地，然后用"过滤"（filtered）的方法决定哪些建筑需要保留哪些建筑需要拆除。最后产生的新建筑将会是新旧建筑的混合体。

理念

如果将拼贴法描述为将片段与类似片段紧邻搁置，两者粘接在一起，其最终的结果要超过局部的总和，那么会产生这样的疑问：它与其他艺术创作有何区别？[1]。

拼贴策略是一种用于赋予不同元素全新意义的非常有效的方法。这一项目的复杂性在于现场所承载的 700 年历史之久的建筑文物。最初的市政厅位于一排城市住宅中，面对乌得勒支的主要运河尤德格拉切古运河（Oudegracht）。这些联排住宅包括政务会所、布馆、公馆和证券交易所。16 世纪基地上建造的房屋还包括城市档案馆、孤儿院、邮局、消防站，甚至还有一座监狱。到了 19 世纪，基地又融合了新古典主义的风格以适应市政接待和婚礼的需求。各种早期平面方案，其规划布局方式抹去了历史的痕迹，全部重新建造，并没有延续历史文脉，创造的只是支离破碎的空间和建筑组合。

左上图 建筑（右侧）北部的新广场缓解了面对 Oudegracht 运河的立面的拥挤感，并让建筑回归到城市空间当中。

右上图 新建的员工餐厅位于建筑西北翼，端头以玻璃盒子的方式突出于原有的门口部位。

顶图 早期的概念草图展示了基地原有建筑的合并方式。

上图 设计理念的重要考虑的因素是如何寻找到合适的方式将新古典主义的建筑融入到项目的其他建筑中。

经过分析建筑师所构想的设计策略体现为三个主要的方面。第一是接受现有基地上所有风格的建筑，认可市政厅的设计理念为各种不同尺度的房间组成的各种建筑。第二是保留了建筑朝向运河方向的具有纪念价值的立面以及位于 Stadhuisbrug（市政厅桥）一侧的公共空间。这就在另一侧产生了一个新的入口和一个新的广场。第三是保留最新的保守的新古典主义建筑，但是进一步改造使它融入到整个设计当中。这三种措施共同赋予基地新的活力。

组织

建筑朝向的调整使得整个基地发生了重大的变化。新的主入口通往一个新建的公共广场，广场位于建筑背立面朝向拥挤的 Stadhuisbrug 一侧。广场直接面对教堂，为建筑提供了新的焦点，提供了一个咖啡厅和酒吧驻扎的场所。

市民的办公场所设置在建筑西北侧的长翼，直接面对 Ganzenmarkt 市场。办公室位于现有建筑的前部，这些建筑的后部已被拆除，取而代之的是一些新建建筑。面对广场的立面——采用了从现有建筑中回收利用的构件进行拼贴——建造了新的办公室。窗户由过梁和横梁制作而成，这些过梁和横梁从基地收集而来，添加了新制的混凝土填充墙和回收砖。该翼端头为新建的员工餐厅，其中最好的作为位于玻璃盒中，玻璃盒穿过原来的门斗突出于街道中。

设计师通过空间序列方式

右图 总平面图展示了如何改造建筑并使它重新融入到城市当中的方式。

左图 三层平面
1 办公室

右下图 一层平面
1 入口
2 新古典主义大厅
3 婚庆室
4 西翼

左下图 二层平面
1 楼梯间
2 阳台
3 会议室
4 中央交通走廊

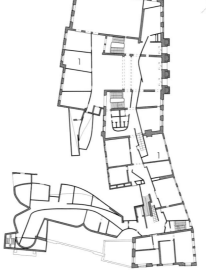

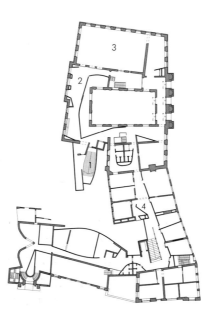

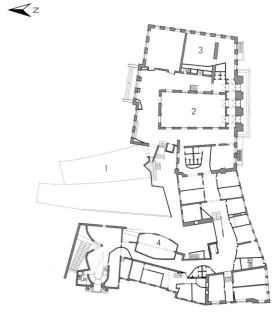

组织新的室内交通流线，空间序列延伸至全部原有建筑当中。由于新广场的原有入口大小不足以容纳一个新的室内楼梯，因此 EMBT 设计了一个醒目的新入口，以更合理的方式连接交通。

细部

新市政大厅的室内具有和室外一样的拼贴风格。集各种风格之大成的建筑物创造了一种室内风景，囊括了各种各样的房间，它们的尺寸、形状和风格各不相同。EMBT 决定强化这些房间之间的差异性而不是消除它们的区别，从而创造了一种室内空间形式，如同它们所驻扎的城市空间。

目前，市政大厅内有两间婚庆室，其中一间较为正式，有格子（coffered）的顶棚和整洁的家具，另一间房间围绕着一间装饰用的壁炉布局，放置了各种不同类型的椅子（唤起人们回忆过去客人们带着自己的家具去参加婚礼庆典的时光）。大厅仍然保留和延续了所有新古典主义的风格。围绕中央大厅的两层通高的入口形成了一个展览空间，展出了与城市历史有关的各种绘画和照片。拆除了会议室的顶棚，从而可以让阳光照入，并提高声学效果，但仍然原位保留了屋顶的木结构，目的是为了提醒使用者这个房间具有悠久的历史。

整个室内空间充满了趣味十足的细部。家具、照明和装饰面层的选择都是简洁、一体化的建筑拼贴技法的最好例证。

1 Ben Nicholson, *Appliance House*, MIT Press, 1990, p.18

顶图 会议室展示了顶棚上的横梁以及专门设计的家具。

左上图 新的交通空间通过楼梯和走廊将建筑连接为一体。

上图 中央大厅两层高的外墙上都挂满了生动的绘画和照片，它们都是与城市历史相关的人物和事件。

项　目：TBWA\HAKUHODO 公司

设计师：克莱因·戴瑟姆建筑师事务所（Klein Dytham
　　　　Architecture）

地　点：东京，日本

时　间：2007 年

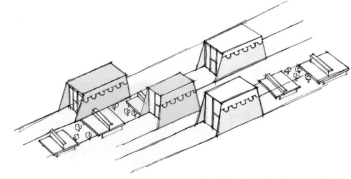

顶图　新办公空间是开放式平面与分格式
办公空间混合的产物，休息区域的设计让
人想起公园。

上图　桌子和封闭的会议室之间形成了一种非
正式关系，与此形成对比的是，它们按照保
龄球道划分的平面布局之间形成了正式关系。

背景

两家著名的广告机构成立了一个新的合作机构——一家美国公司和一家日本公司——需要两家公司寻找一个办公地点，既可以容纳大量的新员工，也可以向客户展示它们迥异于竞争对手的公司形象。所选中的办公地点是位于东京商业区田町（Tamachi）的一个大型的、平淡无奇的8层建筑物，原来的功能是一座游乐场。第五层和第六层原为一座废弃的十瓶保龄球馆，它改造成为了办公室。

理念

为两家广告机构设计的新办公室经过了慎重的考虑，目的是为了展示新机构的发展目标和经营理念。新的办公地点应该是一个摈弃了通常先入为主的广告公司可能会有的形象的场所。促使设计师不仅要设计办公室同时还要寻找新的设计主题。这也导致他们选择了一个非同一般的办公地点——这一选择自然影响到了室内的设计理念和组织方式。

克莱因·戴瑟姆说服了甲方接受保龄球馆成为他们的新办公地点这一事实。新的办公楼需要与近邻共享一个大厅：即楼上的另一个保龄球馆和楼下的高尔夫球练习场。甲方需要穿过"东京港保龄球"（Tokyo Port Bowl）入口大厅华丽的霓虹灯和狂欢灯，才能到达接待处。室内设计的理念直接来自于主楼的风格，原保龄球提供了一个便捷的无柱空间。设计师决定将大厅当作一道室内风景或公园，其内整齐地排列着桌子、办公室、会议室、咖啡馆和植物，犹如繁忙都市中的游乐场地。

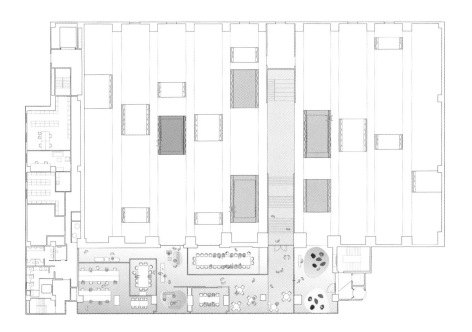

上图 底层平面图。建筑原有功能的线性特征直接影响了新广告公司的空间组织方式。办公室沿着保龄球场的球道成排布置。

顶图 上层平面图。办公室的入口来自于建筑的公共楼梯间。员工和客户由此下到底层员工办公室。

组织

底层3300平方米（35500平方英尺）的空间组织充分利用了原有的30道保龄球场的直线布局方式。办公室和工作空间沿着原有球道的边界成排直线布置。数根2米（6英尺）高的大梁横跨了整个大厅，实现了无柱的室内空间。这些大梁强化了保龄球场的方向感，并暗示了工作空间的布局方式。为了有利于大进深办公室的机械服务设备的使用，大梁直接暴露并经改造，便于照明和通风。开放平面布局的办公室走廊偶尔被几个从地面升起的折叠平面所阻断，这些平面从球场平面折叠升起，围合成几个梯形的房间。这些"小屋"（hut）的侧面是透明的，光线可以进入但同时也提升了如此大的开放式平面布局办公空间所需的私密性。这16间小屋由落叶松和椴木胶合板以及玻璃制作而成，形成了会议室、办公室和图书馆。小屋的顶部覆以人工草皮，形似毛茸茸的绿色地毯，设计成可以进入的休息空间，可供人们攀爬并带上笔记本电脑工作，借此增添整体类似公园的氛围。

主要的接待室位于六层。这一层包括行政办公室，一间展示当下作品的画廊，以及为客户和外来参观者使用的会议室。在参观者下到主要工作空间之前，它为参观者提供了一个观看整个公园的视角。超大尺度的台阶联结了两层办公空间的平面。宽敞的走廊式通道上设有一排踏步式座位，可以方便地调整为演示空间或者派对空间。

细部

最大的挑战在于要在室内创造一种室外的氛围。[1]

在这里很容易看到建筑之前的样子，设计师在新的室内空间布局中戏谑性地反复强调了原有建筑的线性特征。充满趣味性的细节设计增添了空间布局的清晰度。柳安木胶合板木条用于新的木地板，重新塑造场地球道般的平滑度，同时也暗示这是一个普通的后花园的装饰地面。粗凿的花旗松面板用于分隔不同办公部门之间的矮墙。白色的塑料庭院家具设置在公共的休息空间中，使得开会看上去像户外烧烤的聚会。主楼梯的扶手由趣味性的钢环制作而成，踏步的边缘用白色的橡胶防滑条。钢环同样也成为了建于主要办公区地面上的小屋屋顶的边缘构件。小屋的屋顶包括了一块帷幕状的装饰，不管它是木材、人工草皮还是白乙烯材料，都装饰着屋顶，包裹在屋顶的两侧，端头收边结束的方式让人想起马戏团帐篷的边穗。

全新的细部处理和空间的材料分隔创造了一种趣味性的氛围，引导着一种有趣的、生机勃勃的、非传统的空间环境——以一种创造性和非常规的方式鼓励思考的空间。

1 Astrid Klein, quoted in *Frame*, September/October 2007, p.124

顶图 白色的塑料家具和室内景观绿化让人想起了郊区后花园的场景。

上图 一部分"小屋"（huts）屋顶的休息空间覆盖着人工草皮，鼓励人们攀爬上去工作的同时可以俯瞰办公空间。

下图 小剖面。夹层位置的接待室和会议室（左）可以通览整个开放式平面布局的大办公空间。请注意大梁横跨了两层高的工作空间。

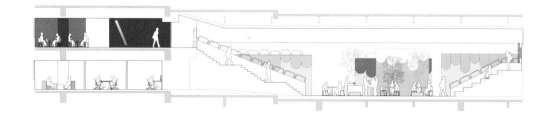

顶图 位于小屋之间设置了传统的开放式平面布局的办公空间。

上图 小屋顶部的边缘以一种有趣的方式收边，让人想起马戏团帐篷的边穗。

下图 大剖面。成排的办公室、会议室和图书馆严格按照原有建筑的结构方式有规律地布置。

顶图 小屋从地面折叠升起，围合了私密性的空间，它们比开放式平面布局办公空间更需安静。

上图 办公室的氛围可以通过调整室内空间的照明发生戏剧性的变化。

项　目：伯克贝克电影和视觉媒体研究中心（Birkbeck
　　　　 Centre for Film and Visual Media Research）

设计师：表皮建筑师事务所（Surface Architects）

地　点：伦敦，英国

时　间：2007 年

上图　室内流光溢彩的动感与礼堂门厅深红的休息空间形成鲜明对比。

左图　中心占据了三座面向戈登广场（Gordon Square）的二级保护联排住宅，它们位于伦敦中部的布鲁姆伯利（Bloomsbury）地区。无窗的加建部分位于后方。

下图　面对戈登广场公园的三座联排式住宅的位置示意图。

最左侧图 改建开始之前裸露的后部加建部分。

左图 室内尖锐的、棱角分明的动态色块强化了交通空间的流动性。

下图 轴测图显示了加建部分形式和色彩的三维特征。

背景

项目的地点靠近尤斯顿火车站（Euston Station），位于伦敦中部布鲁姆伯利地区的戈登广场，内有三座连在一起的乔治王时代的二级保护联排住宅。这座建筑曾经是弗吉尼亚·伍尔芙（Virginia Woolf）和布鲁姆伯利派（Bloomsbury Group）的聚集地。20世纪70年代，在这三座建筑的后部加建了一座砖砌的两层无窗方形建筑。

电影和视觉媒体研究中心是伦敦大学（University of London）的伯克贝克学院的一个组成部分。

理念

许多电影和叙事思维解决的是过程的观念问题。在某种意义上说这也是一种过程。你处于另一个世界，但是你却经常联想到也处于真实世界中的东西。[1]

设计三维空间和拍电影同样需要经过深思熟虑的过程。它们同样需要探索形式语言去关注诸如结构、序列和框架的问题。两者都需要创建特定的环境供使用者完整地表达叙事内容。这一点主要是通过物体和表面、灯光和阴影创建特定的氛围来实现的。两者都通过一系列特定的环境创造丰富和复杂的叙事和空间过程。电影和编辑的过程也允许蒙太奇中完全不同的时空交错形式。这就创造了一种序列，它可以是叙事性的，但却未必共享同一时空。

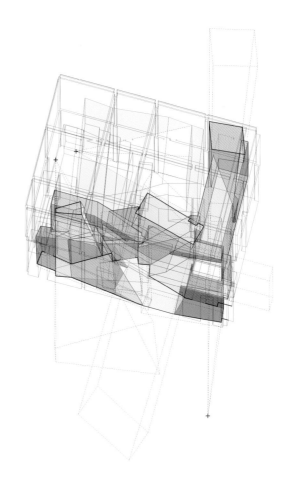

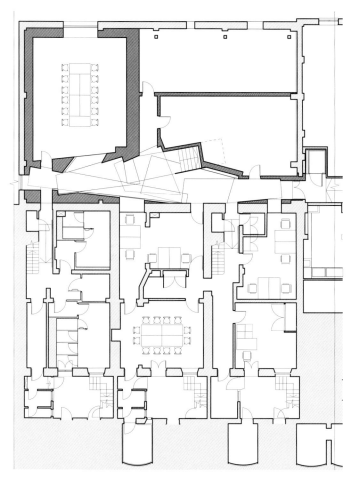

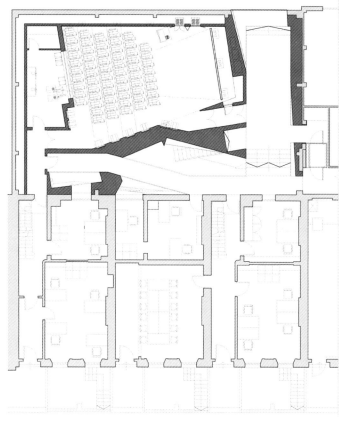

上图　地下室平面
展示了联排式住宅
房间的布局方式与
建筑后部加建部分
的雕塑感特质之间
的对比。

上图　一层平面。
办公室和辅导室布
置在联排式住宅的
规整房间中，而礼
堂则位于其后方的
加建部分。

在这个项目中，表皮建筑师事务所极大地依赖于银屏的语言和形式需求——尤其是蒙太奇的概念——从而创造一种独特的空间形式，让学生们能够在其中学习电影和影片。

设计师将原有的联排式保护建筑和20世纪70年代加建部分视作一种"蒙太奇"：它们连接在一起然而每个部分却提供了各自不同的空间体验。这座联排式住宅基本上完好地保留了下来，并重新改造用以承载建筑的日常功能。加建部分设计为一系列的"停帧"（stop-frame）瞬间，如同从现有建筑形式的实体中切割出来。

组织

设计师需要改造联排式住宅和加建部分的地下室和一层平面，使其能够容纳一个80座的最先进的电影院/礼堂、若干个研究室、员工办公室和一间图书室/档案室用以介绍中心收集的DVD和录像设施。现有建筑暗示了室内新的组织方式为一种二元策略。

办公室、一间会议室和DVD图书室设置在临街的联排式住宅一侧，位于建筑后部的两层的毛坯墙加建部分则提供了更大的改造余地。设计师正是通过此处的改造使建筑发生了戏剧性的变化，将建筑回归到最初始的未装修状态，然后插入了一个全新的折叠造型的具有雕塑感的礼堂和会议室。位于联排式住宅和加建部分之间的入口是一个休息空间或门厅，学生在进入黑色壳体状的礼堂之前，可以在此处就座，聊天，了解情况。这一空间包含了一个双层高的中庭，经由此处的一部楼梯和一座折线形的钢桥构成了交通空间。一个超大尺度的窗户提供了少有的观看室外风景的机会。加建部分的景观塑造了布鲁姆伯利周边建筑的砖墙风格。装饰窗台可以让学生静坐和思考，摆脱礼堂室内空间的封闭性思维。

细部

联排式住宅和加建部分的断开处采用了具有活力的高饱和度色彩的彩色面板强化区分界面。这些面板由一组激光切割的材料制作而成，并吊装到空间中，组装形成新的建筑钢结构。钢材和玻璃制作而成的桥梁和楼梯支撑着整个建筑结构。透过崭新的屋顶天窗，它们沐浴在自然光线的照耀中。

面层材料的选择和空间运动的逻辑性奠定了室内具有视觉冲击力的色彩构成的基础。亮丽而又坚固的面层和色彩用于反射自然光线和运动轨迹，而能触及到的面层则用于表达滞止的状态或表征安静的场所。灰色和黄色的树脂用于营造明亮反光的地下室地板。墙面则刷成突兀的尖锐三角形形状的紫红色和橙色色块。天桥的底部则以闪闪发光的不锈钢面板收尾。走廊将人们带离运动空间并引导至窗台的座位，走廊的墙面颜色为舒缓的深红色，窗台座位饰以黑丝绒。礼堂的室内以黑色装饰完工，营造了一种清晰的应景环境氛围，让学生可以放松和享受电影。

1 Sam McElhinney (Surface Architects), quoted in *Frame*, September/October 2007, p.102

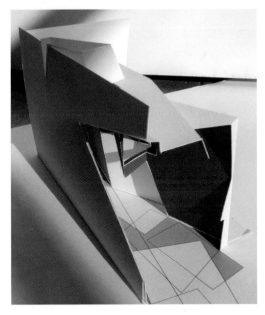

上左图 天桥的底部以反光的钢板贴面，照明灯具暗装于天桥的底部。

上图 戏剧般地选择了耀眼的色彩，以加强室内的棱角特征。

左图 深化阶段的草图模型强化了空间的雕塑感和折叠特征。

现代消费文化的历史本质上是一部不断进化的历史，也是一部商业展示和陈列方法逐步精致化的历史。从19世纪50年代巴黎的乐蓬马歇百货商场（Bon Marché）到雷姆·库哈斯设计的新近开张的纽约普拉达（Prada）专卖店，显示着零售业已经成为一道奢侈的景观……其关键原因在于它成功地吸引了关注度并唤醒了未知的欲望。[1]

展示商品的室内空间设计的内在特征始终在不断地发生变化。商店的室内空间是一种可互动的、具有适应能力的环境形式，它可以随机应变——这种应变能力远胜于包裹室内空间的建筑围护结构。这一特征突出体现在各种时尚的展示空间当中，这类展示空间通常展示和陈列着诸如衣服、鞋子之类的商品，这类空间的设计也反映了一种内在的变化气息，同步于不断更新的时尚趋势。

商店折射了人们的多种欲望，不仅是消费的需求，在赋予产品和消费者地位的同时它还体现了传递身份信息的需求。商店内含的社会和文化特征促使设计师将空间清晰地呈现为交流空间。商店的室内突出强调视觉语言，其目的是为了打动消费者。在这些案例中，空间环境被视作一种事件，它是被选物件或商品的视觉身份的延伸。空间环境也包括了商品的包装纸和包装盒。

通常改造现有建筑用于展示空间和商品消费的产物是昙花一现的、奢侈的临时性小型空间。这类空间可以定性一种为文化、经济和社会现象。它们是一种变化空间设计用于吸引关注和激发欲望。这篇导言分析了商品展示空间的历史，目的是为了展示容纳商品的空间改造的巨大变化特征。

拱廊和百货商店

拱廊是奢侈品商业的一个焦点，与之配套的是，艺术进入到商业这一服务行业之中。[2]

19世纪末和20世纪初，零售行业大量采用了拱廊和大型百货商店的模式。尽管仍然存在着传统的商业形式如集市和商业街上的摊位，但应中产阶级逐渐兴起的需求，出现了室内商业街，如米兰的伊曼纽尔二世长廊（Galleria Vittorio Emanuele II）和伦敦的伯灵顿拱廊（Burlington Arcade），以及大型的百货商店如乐蓬马歇百货公司（Le Bon Marché）和巴黎的普兰当（Printemps）和柏林的韦尔特海姆（Wertheim）百货商店。建造这类室内商业街的目的是为了便于购物者浏览百货，免受街道变迁和恶劣天气的影响。

这些空间和商品出现变化是应对于19世纪晚期和20世

第3章 **商店**

纪早期商品普及和消费发展的态势。网络科技迅速发展意味着迅猛扩张的各种运输体系，传播的新机制，以及可支配收入和空闲时间的增加，它们在始于18世纪的工业革命期间得到了迅速发展。人们将这些条件视作消费经济发展的核心要素，并最终导致了零售业的加速扩张。

拱廊和百货商店服务于富贵阶层，这些有钱人将空闲时间用于浏览折扣商品。室内空间统一协调了商品的展示环境，尽管商品的差异和质量会强调两者之间的区别。

购物作为一种休闲活动，其重要性不断增加，因此餐厅、阅览室和花园也专门提供场所促进这项活动的开展。这类场所的设计主要是为了减轻购物者无休止的消费行为带来的疲劳感，并诱惑他们进一步购物，更讽刺的是引导他们在商店里逗留更多的时间，最终增加消费购物数量。

其他重要的空间变化还包括拱廊和商店的改造用于临时性的事件和主题。1851年伦敦大博览会（London's Great Exhibition）和1900年巴黎的世界博览会（World Exposition）上奇特的景观成为这类场合的重头戏，在此"事件性"（event）商业室内空间上演了戏剧性的表演，不断吸引着回头客。

拱廊和百货商店是20世纪早期兴起的休闲业态的一种形式，它改变了城市和街道的形式和面貌。商品交易会，展览会，音乐厅，剧院，拱廊，电影院，酒吧和餐厅都在争抢着有闲阶层的关注。街道的景

观充斥着丰富的商品，以及销售商、店铺、货摊、售货亭，而拱廊和百货商店都将它们在某种程度上室内化，并且变得更加干净整齐，因此，对于街道而言，拱廊和商店的室内空间的外部特征成为了吸引注意力和引导顾客的要素。商店橱窗于是成为了非常重要的装置，它把建筑的室内展现给街道，与其他城市娱乐设施相抗衡。在这种新的街景艺术和景观当中，展现在明亮橱窗里的不断变换的各种摆设本身也成为了一种艺术形式。美籍奥地利设计师弗雷德里克·基斯勒（Frederick Kiesler）为位于纽约第五大道的萨克斯百货（Saks）设计了橱窗，他将橱窗的设计描述为一个过程：

模拟欲望。这就是为什么发明商店橱窗、商业宣传和广告的原因所在。[3]

购物中心和商业街

20世纪中期战后的政府、工业界和商业界都鼓励低息贷款、信用和现金的消费方式。商业街和购物中心改变了全世界大城市的主干道和郊区之间的关系。尽管橱窗和百货商店的模式依然盛行于商业街当中，但它们已经逐渐演变为大型购物中心：一个有屋顶的空间中集合了各种产品和零售的商业环境。购物中心是一个拥有专属内部街道的百货商店。它通常位于效仿的城镇郊区，其设计主要靠汽车解决通行问题。空调、人工照明、自动扶梯等先进技术用于创建一种可控的空间，由此可以精确地计算货流和人流的变化。

左图 位于柏林市中心莱比锡广场（Leipziger Platz）的韦特海姆（Wertheim）百货商店的中庭，建成于1896年。

左下图 韦特海姆百货商店陈列的衣服和家具等商品设计吸引顾客在店内消费和休闲。

底图 纽约第五大道的萨克斯百货（Saks shop）神秘变幻莫测的橱窗，由弗雷德里克·基斯勒（Frederick Kiesler）设计。

对页图 伦敦的伯灵顿拱廊（Burlington Arcade），1819年由萨缪尔·维尔（Samuel Ware）设计。

20 世纪 50 年代末和 60 年代初伦敦的精品店——起初只是百货商店中的一个租借场所或独立经营的空间——演变成为了商业街的一种独立商店。紧挨着精品店的是零售商特伦斯·考伦（Terence Conran）创办的家具零售店"哈比塔特"（Habitat），它主要提供实用商品，其空间呈现为简洁的风格、白色的墙面和方形地砖铺地。

精品店仅出现一次就奠定了商业街发展的模式，而且这种模式流行至今。与它同时并行的是其对手连锁店，连锁店即为通常在全球范围内不同城市出售相同商品的一系列店铺，其空间特征也保持一致。具有讽刺意味的是，许多当代的连锁店最初也是一次性出现的精品店。

在 20 世纪 80 年代，随着社会文化和技术全球化，销售和广告策略充分利用这一契机，导致零售空间的语言和风格发生了重大变化。其中一个变化表现为零售空间的设计师开始套用自立方艺术画廊和博物馆的视觉语言和展示策略。室内空间变得非常酷且清新，充当着陈列商品的舞台背景，这些商品通常是衣服，极具艺术性地设置在由玻璃、木材、混凝土和钢材构成的极少主义艺术氛围当中。

日本的时装设计师三宅一生和川久保玲（Rei Kawakubo）（其品牌是法语"像男孩一样"）在全球开设了连锁店，是设计师极少主义的品位和做工精细的服饰风格的极端范例。位于东京 Axis 大厦的连锁店品牌"像男孩一样"是如此极端以至于根本没有陈列任何服装——衣服只能在应客人要求的情况下由工作人员从玻璃镶嵌的抽屉中取出。其他商店的室内空间，如伊娃·吉里克纳（Eva Jiricna）设计的伦敦约瑟夫商店，是精心设计的室内环境，其显著特征为标志性的钢楼梯，由拉力钢丝悬吊着的钢板和玻璃组合而成。将原有建筑改造成为室内商店达到了如此的境界，即服装、品牌特征和空间环境在本质上融为一体，其中任何一个组成部分都强化了其他部分，不管它们所处的建筑外围护立面是何种风格。

终端商店

购物无疑是公共活动的最后一种形式。[4]

自从极少主义精致的室内风格不再时兴之后，"事件"观念引发了人们将原有建筑改造成为零售空间的兴趣，这种观念是一种零售体验，它将商店转变为一个"终端"。由雷姆·库哈斯和荷兰大都会建筑事务所（Rem Koolhaas/ OMA）设计的纽约普拉达中心商店（Prada Epicenter）不仅是一个商店，而且还容纳了一个供表演、走秀的舞台，一套可以让商店全新布局的活动式展示系统，以及一套全系列的技术设备如库存检查屏幕、更衣室门，其中更衣室门的透明度可以通过轻击开关进行调整。库哈斯和 OMA 在设计这个商店的过程中甚至亲自撰写了购物指南。

库哈斯设计这座商店时遵循的是其他公共空间的流线设计思路，如博物馆、购物中心和机场（实际上纽约普拉达专卖店位于原市中心的古根海姆美术馆）。他采用了这些公共建筑的设计语言，并将这些公共空间合并为一个公共室内事件环境。由 6a 建筑事务所设计的伦敦奥客尼商店（oki-ni shop）预算只有普拉达店的一小部分，但同样也利用了原有建筑。它位于萨维尔街，纽约裁缝业的集中地，是一座很小的商店，这座商店的空间为顾客和展示的服装提供了一种舞台设置"体验"。商店的"事件"尺度仅限于试穿展示的服装。一旦购买，一条牛仔裤或一件衬衫立刻出库送至顾客门口。

零售空间设计的最新观念本质上汲取了多种商店室内设计理念的精髓。零售设计的暂

时性和即时性理念，以及试图抓住稍纵即逝的瞬间或"时代精神"（zeitgeist），均体现在品牌游击店的发展模式当中。在许多零售室内空间中，主要空间设计是表达品牌的辨识度。视觉语言的精华通常由特殊的材料、色彩和空间装置营造而成。

品牌游击店通常被视作是一种解毒剂，用于矫正商业街已经趋于饱和、并让人逐渐厌倦的主流景观。它刺激消费者去发现空间；它通常位于城市非正统街区的非寻常位置，而且通常开张时间很短。这种品牌游击店通常充当品牌的"清新剂"（refresher）以及公开传递公司发展愿景的相关信息。

2004年品牌"像男孩一样"在柏林开张了第一家品牌游击店。随着社会媒体和口碑的推崇，这类空间受到关注获得了媒体的大肆宣传。品牌游击店是现有建筑的一种使用方式，它不需要昂贵的重新设计，而是仅仅使用原有建筑中遗留下来的固定装置、设备和家具。它通常陶醉在新旧功能戏剧要素的张力之间。继柏林店之后，"像男孩一样"进一步在世界各地开设了品牌游击店，而且从此很多其他品牌也采用这一策略用以促进自身品牌形象的改变和创新。

本章探讨了几个案例研究，演示了现有建筑改造成商品展示空间的几种方法，所有的研究均传递了商店空间设计的基本要素——独特的空间品质，藉此吸引和界定顾客，并激发消费欲望。

1 Christoph Grunenberg, *Wonderland: Spectacles of Display from the Bon Marché to Prada*, cited in *Shopping: A Century of Art and Consumer Culture* (exhibition catalogue), Tate Publishing, 2002, p.20

2 Walter Benjamin, *The Arcades Project*, translated by Howard Eiland and Kevin McLaughlin, Harvard University Press, 2002, p.220

3 Frederick Kiesler, *Contemporary Art Applied to the Store and its Display*, Bretano, 1930, p.79, cited in Christoph Grunenberg, *op cit.*, p.27

4 Judy Chang Chuihua, Jeffrey Inaba, Rem Koolhaas and Sze Tsung Leong, *Harvard Design School Guide to Shopping*, Taschen, 2001, inside cover

顶图 雷姆·库哈斯和荷兰大都会建筑事务所设计的纽约普拉达中心商店，开放的舞台，随时准备着表演。

上图 伦敦6a建筑事务所设计的奥客尼商店为顾客试穿衣服和鞋子创造便利条件，并能很快通过远程仓库将他们购买的物品送到家。

左图 2004年柏林一座废弃的仓库成为了"像男孩一样"的第一家品牌游击店。

项　目：克尼热裁缝店（Knize Tailors）

设计师：阿道夫·路斯（Adolf Loos）

地　点：维也纳，奥地利

时　间：1910—1913 年

上图　商店顶楼的大厅，其设计效仿上流社会的俱乐部或图书馆。夹层为工作室和员工办公室。

左图　抽象的三段式柱廊立面采用了神秘的瑞典黑色花岗石材料。

背景

路斯设计了众多商店，克尼热裁缝店是其第一个商店作品，项目的业主是吉塞拉·沃尔夫（Gisela Wolff）。建筑位于维也纳中部的一条主要购物街的一栋著名的建筑内。两层的空间包括了一个狭窄的一楼，通过螺旋楼梯引导至二层的裁缝大厅，大厅连接着三个相邻的空间。现有建筑是一座顶部为木梁的实心砌体墙结构形式——这是19世纪维也纳的典型建筑形式。

理念

穿着体面：谁不想这样呢？21世纪已经废除了禁奢法，它包括服饰在内的奢侈品，人人都有权打扮得像国王一样……某个美国哲学家说过，"年轻人如果头脑中有智慧，衣橱中有体面的行头就可以期望自己变得富有"——这是哲学家所认识的世界。但如果人没有像样的行头作为开始，大脑又有什么用呢？[1]

神秘的维也纳设计师阿道夫·路斯在克尼热裁缝店中创造了一种与他的写作风格相匹配的室内空间形式：简洁、精炼却神秘莫测。在《其他》（The Other）杂志上发表的一系列文章中，路斯探讨了各种不同的话题，如管道工程、短发、绅士的帽子和内衣。他最著名的文章，"装饰与罪恶"，发表于1908年，表达了他对设计、建筑和服饰当中多余装饰的厌恶之情；他认为装饰是一种退化的行为，仅适用于野蛮人。路斯在克尼热裁缝店中创造了一种简洁的功能空间，

衬托了顾客的高贵感，不管他们是买了一件衬衣还是试穿一件定制的西服。商店的设计综合了路斯的很多理念，同时也反映了他思想和著作中的许多模棱两可的观点。

组织

商店位于格拉本（Graben）（英文意思为"沟壕"）（'ditch'），这是维也纳一条又长又宽的中央大街，路旁遍布奢侈品商店和银行。新店的立面设计理念是在街道和城市背景之间突出表现自我。它主要通过黑色的瑞典花岗石塑造一个抽象的三段式柱廊形象，包括基座、柱子和檐口。柱子间镶嵌了两套玻璃展示橱窗。橱窗导向大门处为弧形，而此处的基座却没有变成弧形。这意味着顾客能清楚地看到商品，但如果想更近看的话必须绕过齐膝高的基座，走向居中的商店入口。这一简单的设置促使潜在的顾客走向狭窄的前门，并从那里进入商店。

商店的室内是非常现代的设计风格，尽管在材料和空间组织上也表达了许多传统的元素。一层是一个层高较低的狭长空间，主要销售衬衫和配件。它们陈列在由地面至顶棚高的橡木柜中，一些放置在抽屉中，另一些陈列在玻璃柜中。空间中间是一座齐腰高的岛式玻璃展示柜。收银台设置在房间墙面尽端处。商品和空间的易达性意味着一层空间对所有人表示欢迎并且开放。顶层空间则是另一番景象。这里是男装裁缝大厅，有缝纫区、

帷幔、试衣间、剪裁区和一位收银员。此外还有一个私密性较强的夹层空间，内有工作室、员工办公室和财务办公室。

路斯将商店顶层设计成一个私密的俱乐部，纵深方向的套间设计成单独的空间让顾客可以消磨时间并潜在地消费他们的金钱。

上图　商店门脸处突出的齐膝高的基座部分，其设计理念是引导顾客绕过展示橱窗从前门进入。

细部

克尼热裁缝店的客户只为男士，因此路斯的理念主要是为男性顾客设计空间。他将橡木面板和樱桃木用于橱柜和墙体，而波斯地毯和皮革扶手椅营造了绅士沙龙或图书馆的氛围。两层空间的功能和材料各不相同。一层空间的设计主要是通过廉价商品吸引顾客，采用的材料是樱桃木、石膏，地面铺设绿油毡，以体现它的易达性。为了减轻一层空间的局促感，路斯在墙面上安装了高高的镜子，暗示着在小空间中塑造了无限大的空间。玻璃和木材富有光泽，折射了小空间的亲密尺度。镶嵌着玻璃的樱桃木面板沿着螺旋状的楼梯踏步排列成行，其构造位置紧邻收银台，既将小空间衬托得更大，同时也便于观察顾客上下楼梯。镜子也暗示了从公共空间到私密空间的一种微妙变化。楼梯井的墙上安装了一面大镜子，暗示了商店的"另"（'second'）一个立面，即与室外坚固的花岗岩立面相反的立面。这面镜子没有传达一种坚固性，而是呈现出一种不可预测性，当顾客临时性地从楼梯走到裁缝大厅的过程中，短暂的反馈体现出这种不可预见性。

在顶楼展示的商品中，路斯设置了独立式家具，模仿小型家庭场景布局。奢华的皮椅、沙发、咖啡桌和地毯均营造出一种更轻松惬意的氛围和场所，顾客在此可以尽情地挑选和试穿衣服。路斯用带有光源的雕刻精美的橡木顶棚进一步强化了这些小舞台的效果。

克尼热裁缝店保留至今——与它当初开张时的格局保持了一致并且完好无损。

1 Adolf Loos, 'Men's Fashion' (1898), in *Ornament and Crime: Selected Essays*, Ariadne Press, 1998, p.39

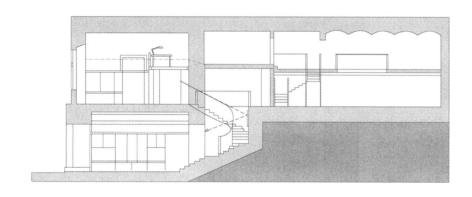

左图 剖面图显示了中央楼梯处于一楼的公共空间和顶楼专用的"俱乐部"（'club'）空间之间的入口位置关系。

左下图 一层平面占据了主楼的一个"隔间"（'bay'），它的空间布局方式为中间设置了一个展示橱柜，周边沿墙直线排列了橱窗用以展示衬衫和配件。

下图 顶层的布局方式是横跨主楼的三个隔间，每间均有一间带桌子和椅子的"小舞台"（'stage set'）。

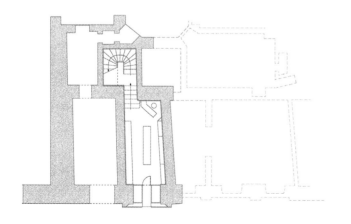

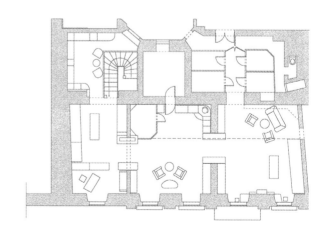

最左侧图 一楼主要陈列廉价商品如衬衫和配件。中央的展示柜台控制着整个空间。收银台设置在房间的尽端，紧挨着楼梯的右侧。

左图 为了鼓励顾客在店里长时间逗留，室内空间的布局模仿了一系列家庭场景，有地毯、舒适的椅子、摆放着杂志的咖啡桌。

最左侧图 在商店顶楼和一楼之间安装了一面镜子，便于观察顾客上往二层大厅。

左图 商店的顶楼占据了三个开间，纵深布局的方式便于顾客轻松地边走边浏览商品。

项　目：奥利维蒂展示厅（Olivetti Showroom）

设计师：卡洛·斯卡帕

地　点：威尼斯，意大利

时　间：1957—1958 年

上图　从面对圣马可广场的展示橱窗前方看到的奥利维蒂展示厅的景象。

左图　商店位于旧行政官邸的一楼，从柱廊中后退进去，远离主广场的喧嚣。

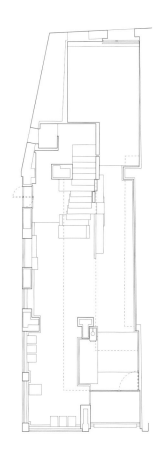

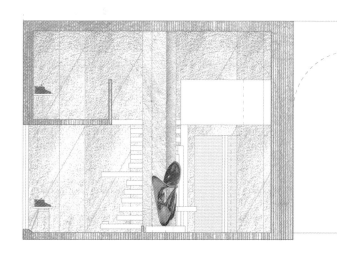

左图 室内空间的构思源自原有建筑中不能移动的柱子。进深较大的入口表达了空间与广场之间的关系。楼梯主导着空间的构成。

上图 从入口处看到的空间景象由一系列元素组成，如阿尔贝托·维亚尼（Alberto Viani）设计的雕塑，叠石形成的中央楼梯，以及展示厅后部格栅式的屏幕。

下图 打字机陈列在面对卡瓦勒托路窗户中的悬臂式托盘上。背景中阿尔贝托·维亚尼设计的雕塑位于不可移动的柱子的右侧，斯卡帕不得不围绕着这根柱子进行设计布局。

背景

在 20 世纪 50 年代后期，意大利办公设备公司的董事长安德里尼奥·奥利维蒂（Adriano Olivetti）先生委托斯卡帕改造威尼斯中心的一间小展示厅。展示厅位于旧行政官邸（Procuratie Vecchie）的一楼，即卡瓦勒托路（Sottoportico del Cavalletto）和圣马可广场（Piazza San Marco）的交叉位置，它从柱廊中后退进去，远离主广场的喧嚣。这块局促的场地为 21 米（69 英尺）长，5 米（16 英尺）宽，仅 4 米（13 英尺）高。然而，它拥有一个非常有趣的街角位置，门脸位置显著，后部景色宜人，斯卡帕将这些要素创造出了戏剧性的效果。

理念

那里有你无法改变的空间，一根杵在中间的柱子，两扇窗户——楼梯应该放在哪里？我决定把它们放在任何可能获得的宽敞空间中……通过将它们放置在最难的地方，我可以把某些东西扔掉——我非常喜欢扔掉东西。通过这种方式我可以更充分地利用长度。[1]

组织

正如斯卡帕的众多作品一样，场地的特征、位置和新功能的选择给他提供了关于室内新空间的许多思考。一旦原有的室内空间被剥离，他引入一系列的设计理念实现主建筑中的各种奇思妙想。他致力于将这个又长又窄的空间改造为秩序井然的序列空间，空间朝光亮之处和建筑前方广场的美景呈开放状态，并精心透射出展示厅后部运河的部分景观。光线和景色是新空间的主导要素。斯卡帕认为光线的逐渐变化——从拱廊中的展示橱窗到候补的格栅式屏幕——让参观者可以看到所有的空间都充盈着威尼斯光线的反射和精神。

展示厅的正立面是一个巨大的玻璃展示橱窗，可以从广场上透过柱廊看到它。侧立面是两个巨大的玻璃橱窗，直接朝向广场。远离广场的一侧立面则完全被大块的混凝土板包裹。员工侧门处一块伊斯特拉石为点睛之笔，上面刻着奥利维蒂名字的商标。商店闪闪发光的前门正对着广场，深藏在建筑拱形砌体的后方。一道精心打造的钢闸门守卫着展厅，当展厅开放时，闸门徐徐折叠收起。

两个凸窗位于旧行政官邸柱廊内侧，意味着斯卡帕必须围绕着不可改变的限制条件进行室内空间的组织，如位于空间前部的中柱。它采用了一种不对称的布局方式，在柱子的右侧，室内空间向广场开放，让游客一眼望到室内。后部的墙面则用精细的格栅屏幕覆盖，仅透出部分运河的景色。这颗柱子也创造了一个较深的入口空间，引导游客进入室内。阿尔贝托·维亚尼设计的一个抽象雕塑主导着这个开放的入口"大厅"（'hall'），雕塑倒映在一池浅水面上，水池高出地面稍许。游客一旦进入大厅穿过柱子，就可以自由选择径直穿过空间还是进入房间中的另一侧。

斯卡帕在室内设计了一个夹层空间，这是一个狭窄的有长廊的二层空间，可以经由雕塑般的大理石楼梯到达。这个楼梯非常有表现力，是由瀑布般"跌落"（'tumble'）的奥里西纳（Aurisina）大理石片石层叠而成，构成了空间主要特征，打破了空间的拘束感，吸引游客进入室内的核心部分。这些巨大的不规则片石召唤顾客上至二楼，然而它们看上去好像没有任何支撑物，仅仅是一根细长的铜杆贯穿了所有无冒口的踏板。当逛完整个楼下上到二楼的夹层时，游客可以通过两个杏仁形状的"眼睛"（'eyes'）看到广场的景色。

上图 夹层底部低矮的柚木顶栅使得空间变得压抑，而从室内看到圣马可广场的景色可以缓解这种感觉。

右图 玻璃马赛克镶嵌的水泥地面赋予空间波浪形的动感，将视线引导至后面的格栅屏幕，它透射了来自相邻运河的光线。

细部

斯卡帕采用各种精致的材料和表皮阐述了室内空间的行进路线。一层入口处的墙面是排列整齐的抛光石膏板，并以木框镶边。夹层的栏板是浅色的石膏板，而底面和画廊走道的室内以非洲黑柚木贴面。展示厅的地面比广场抬高了310毫米（12英寸），地面材料是由玻璃马赛克镶嵌的水泥构成的。彩色的马赛克地面主要由四种不同的颜色组成，其构成方式模拟水面，这是斯卡帕惯用的代表与象征威尼斯城市的符号，创造出一个似乎在慢慢退潮的水面一样的地面。

至于展品本身，打字机陈列在展厅大玻璃前的小木托盘上。托盘从窗户的底部悬挑出来，通过一根钢管悬挂在天花板上。照明装置均设在墙内，外罩竖条亚光玻璃。

1 Carlo Scarpa, interviewed by Martin Dominguez in May 1978, in Francesco Dal Co and Giuseppe Mazzariol (editors), *Carlo Scarpa: The Complete Works*, Rizzoli, 1985, p.297

左图 跌落的片石从二楼逐片展开，似乎一直漂流到地面，吸引游客上至夹层。

上图 两个杏仁形状的孔洞框定了广场的景色。

项　目：雷蒂蜡烛店（Retti Candle Shop）

设计师：汉斯·霍莱茵（Hans Hollein）

地　点：维也纳，奥地利

时　间：1965 年

上图　精心地展示了贯穿室内的轴线景观，目的是突出商店第一个和第二个房间之间的对比。

左图　空间的拉丝铝立面插入到巴洛克式的维也纳建筑的一楼当中，这种不和谐与拼贴风格在新旧建筑之间形成了非常强烈的对比。

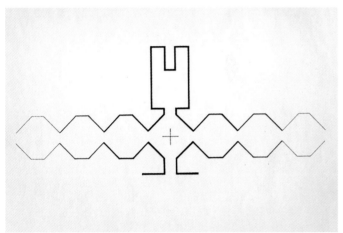

背景

这个零售空间的业主是蜡烛制造商马里厄斯·雷蒂（Marius Retti）。商店位于科马克大街（Kohlmarkt）一栋细部非常丰富的巴洛克式建筑当中，它是维也纳中心的一条主要商业大街。现有建筑仅有14.8平方米（160平方英尺）的面积，却在一楼的地下空间里容纳了两个房间。

理念

对霍莱茵而言，要做到公正，就不能忽略维也纳人的现实情况……维也纳拥有提升现实美学的传统，而且这一方面还有很长的路要走。各种技术如蒙太奇、拼贴、异化、攻击典故和解除引用都不是语言单独培育出来的。[1]

1965年，霍莱茵写了一本书《未来建筑》（'Zukunft der Architektur'）（英文'Future of Architecture'），书中他探讨了历史、技术、现代性、意识形态的作用，他发表了许多主题为"转型"（'Transformation'）（1963-1968年）的系列画，画中将航空母舰、火车车厢、火花塞等物体以一种非常不和谐的方式置入城市和景观当中。城市化、技术和蒙太奇的混合是一种策略，它同样用于雷蒂蜡烛店的设计当中。

在繁忙的大街上，简洁的铝合金立面突兀于众多商店之中，昭告着自己的存在。商店看上去像是"插入"（'plugged in'）主建筑中。各种不同的意义和符号诠释着立面的形式和外观：有人把入口比作一根蜡烛或是柱式的抽象表达，作为对现有建筑巴洛克细部的呼应。其他的人将立面描述为两

左侧顶图 项目还在施工时，有趣的广告围栏通告着商店的开张信息和设计师名字。

左上图 设计师展示的商店平面的基本几何概念设计草图。

上图 早期立面图中展示的透过门口简化柱子和展示橱窗的锐角看到的商店重要的轴线景观。

个字母R背靠背地立着，向整条街告示着店主的姓氏。霍莱茵的立面草图则显示了他如何顺应原有建筑的平面形式和装饰风格并让它影响了新的布局方式。新的入口形式是二楼中柱的精简样式，并凹入金属立面平板之后。

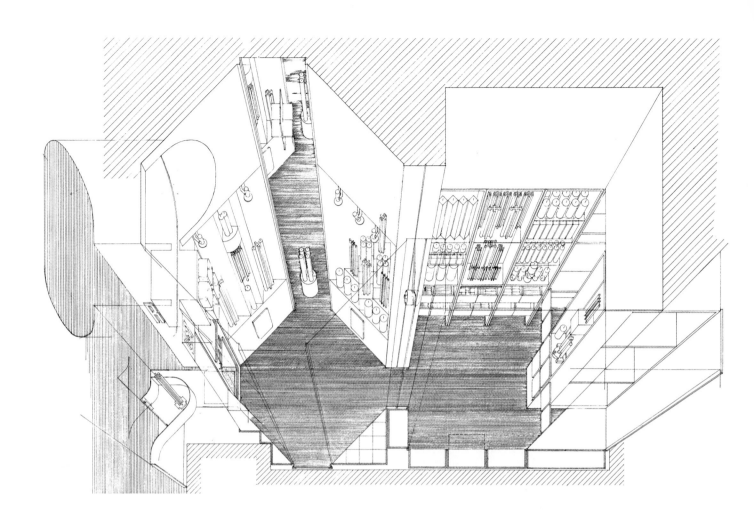

组织

没有室外广告让这家商店和产品的质量显得非常独特，从而提升了商店的档次。霍莱茵在立面上设置了两个小橱窗作为外部展示，并统一为一种形式。它们与街道形成一定的角度，让人们很难直接看到室内，暗示着这不是一个随便逛逛或者冲动性消费的地方。立面的中央是一个玻璃门，可以直接看到商店的轴线景观。

室内按照中心轴线布置为两个房间。第一个房间为八边形的房间，用于展示陈列在抛光铝块上的蜡烛。这些铝块设置在一系列壁龛内，壁龛是新设计的角墙形成的。而第二间稍微大些的房间保留了原有建筑的矩形平面，这个房间蜡烛的展示方式更随意些，采用常见的挂在墙上的搁架装置。第二个房间也包括收银台、包装区和储存室。

细部

商店的狭窄和矮小空间意味着霍莱茵不得不仔细考虑每个小细部并选择相应的材料。拉丝铝主要用于立面和室内入口处，使得室内外保持一种连续性。它也用于顶棚的内衬，并覆盖于墙体的底部和顶部位置。在第一个房间的展示区域，一系列丝绸衬里的壁龛呈现为鲜艳的橙色创造出一种奇妙的背景，与陈列的五颜六色的蜡烛形成了反差。商店的地面为充满活力的橙色乙烯基面层，与拉丝钢表面的诊所般冰冷的外观形成了对比。在第二个房间，塑料板用于搁架的内衬和储物单元的贴面，在空间的前部和后部之间形成了微妙的对比。前门显示了室内外之间一个重要的较深的入口空间位置，并框定了背光陈列的蜡烛的景色。第一个房间的两侧，在原有建筑墙面与新设计的壁龛墙面的转角连接处，霍莱茵设置了两面从地面直通天花板的镜子。从而在狭小的空间里创造出了无限大空间的感觉。

采光和通风设置也融入到空间中。立面和室内的金属表皮内部可以容纳通风系统的管道。霍莱茵在前门的上方和蜡烛展示台的下方均暴露通风系统的格栅，给人留下机器技术先进的印象，正是它们仔细地看护着这些温和、光滑的蜡烛。一系列灯光照明和空间尽端的背光墙的蜡烛强化了人们透过前门看到的景色。每个壁龛顶面悬吊着的聚光灯点亮了壁龛。在这个小型却高效的室内空间中细致连贯地表达着每一个连接细部与景观。

1 Friedrich Achleitner, 'Viennese Positions', *Lotus* 29, 1981.

对页，上图 商店的轴测图显示了室内的"两个房间"（'two-room'）理念。

对页，左下图 在第一个八边形房间里的转角镜子创造出的无穷尽的反射效果。

对页，右下图 在这个小型商业空间中精心控制的灯光照明照亮了丝绸衬里的壁龛，衬托出五颜六色的蜡烛。

左下图 色彩温和、质地韧性的蜡烛和丝绸衬里的神龛与通风系统中冷酷的拉丝铝面板和技术美学的格栅形成了对比。

下图 灯光照明在空间中不断反射。

项　目：三宅一生（Issey Miyake）专卖店

设计师：仓俣史郎（Shiro Kuramata），仓俣史郎设计工作
　　　　室（Kuramata Design Studio）

地　点：涩谷，东京，日本

时　间：1987 年

上图　独立的金属
网罩试图传达出设
计师和服饰的个性
鲜明的身份形象，
目的是从百货商店
其他时装店中脱颖
而出。

左图　网罩的双层
表皮在店内的强光
照射下几乎消失。

背景

　　时装品牌三宅一生创立于1970年，以创立者的名字命名。三宅一生和设计师仓俣史郎合作过许多设计项目，范围从室内设计到家具设计——两人在时装转瞬即逝特性中发现了共同点，表达了对特殊材料特性的尊重以及历史对将来影响的理解。从20世纪60年代开始，仓俣史郎设计了300多座时装店和餐厅。然而由于时装的快速变化和东京基础设施的短暂特性，他的作品基本没有保留下来。

　　仓俣史郎为三宅一生设计的时装店位于东京涩谷区的西武百货公司（Seibu department）。

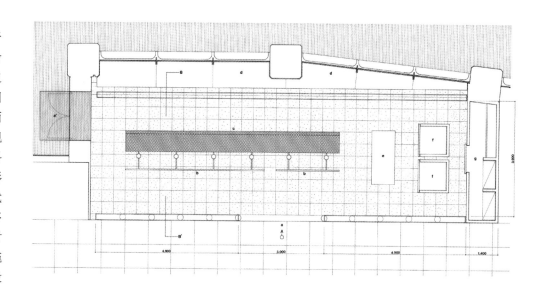

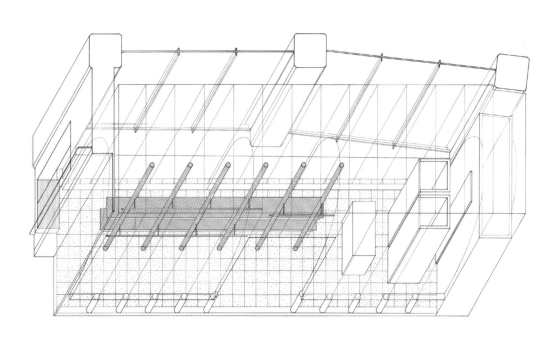

顶图　商店顶部外墙平面图。收银台和更衣室为方形且厚重，并刻意地表现出来，目的是为了与轻盈与镂空的网罩形成对比。

上图　商店的轴测图显示了方案的基本组成要素：由柱子支撑的中央货架、收银台和更衣室。

理念

设计是一种短暂的行为。从这种意义上来说，设计和东京非常相似。这里没有任何坚固的或者永恒的东西。[1]

设计体现时尚的零售店通常意味着是一种短时效应：这些空间需要反映季节性的时尚和风格不断变化的样式。西武百货公司是日本最古老最著名的百货商店。在这种类型的室内空间中，独立的展厅在本质上与其他普通的百货商店差异巨大；这些商店属于一种非常夸张的类型，它们的目标是将自己的商品明确地烙印在顾客身上。每个商铺都必须这么做，同时要排挤掉其他的零售空间，所有的商铺都希望传达印象深刻的识别性并吸引顾客到它们的空间。在这种语境中，新奇成为了共识，但是也可能有其他的交流方法。仓俣史郎决定采取隐形的策略实现独树一帜的目标。因此，他设计了一个轻盈的、漂浮状的非实体结构来展示三宅一生非常有个性的服装。

组织

这个又长又窄的装置仅占据了80平方米（860平方英尺）的展示空间。它位于百货大楼巨大平面中的两个开间内，一侧是玻璃，另一侧是通往楼层的入口，共同围合了空间。项目简单的平面布局遮挡了室内空间视觉上的复杂性。

仓俣史郎将一个独立的展开的金属网罩直线排列在空间中。在这个罩子中，他又设置了一个钢网的"拱顶"（'vault'），空间中央又安放了6根钢网柱子，一根栏杆和两块长货架以悬臂的方式悬挂在柱子上。衣服有两种陈列方式：或者悬挂在钢制栏杆上，或者小心折叠后平放在货架上。房间的尽端有一张坚固的花岗石收银台和两间更衣室，它们的设置与轻盈的、闪烁的、漂浮的室内空间形成了对比。

细部

用网格来表达室内营造了一种与光影共鸣的空间，而且这个空间在顾客的眼中似乎消失了。仓俣史郎采用了烤黑金属网作为空间的表皮，如墙体和拱顶。货架则用镀铬的金属网制作而成。形成的效果则是，当顾客绕过楼层穿过装置时，两层网格似乎在闪烁。内层发光的网格透过展厅覆盖的黑色面纱投射出来。柜台和更衣室的建造材料是坚固的石块，与它们所处的围护结构的短暂性形成了鲜明的对比。

地面铺贴的是粗磨砂面砖，地面玻璃颗粒状的斑点营造了一种粗糙耐磨的足底质感，却又在展厅的灯光下闪闪发光，在小空间中形成了沙砾和光泽之间的有趣对比。展厅原有的整体式天花照明系统均匀地照耀着整个商店。柔和的光线被网罩和拱顶之间的几个射灯中和了，射灯精准地将衣服照亮，并增添孔洞影子朦胧的感觉，使得明亮耀眼的百货大楼的角落富于生机。

1 Shiro Kuramata, quoted in *Domus*, April 2003, p.110

右图　货架从柱子中悬挑出来，衣服或整齐地折叠放在货架上，或挂在从柱子中悬挑出来的衣架上。

左图　商店简洁的
布局掩饰了室内视
觉的复杂性。

左下图　发光网格
的设计是为了吸引
商店路过的顾客的
注意力。

项　目：鸳鸯（Mandarina Duck）

设计师：雷尼·拉马克斯和海斯·贝克（Renny Ramakers and
Gijs Bakker）（楚格设计）（Droog），NL 建筑师事务所
（NL Architects）

地　点：巴黎，法国

时　间：2000 年

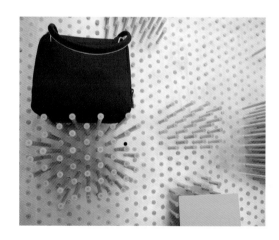

上图　二楼的幕帘
隔间围合了一个独
立的手提包展示单
元，幕帘是由悬
挂的钢珠帘子组
成的。

左图　商店橱窗里
的风车包墙面。

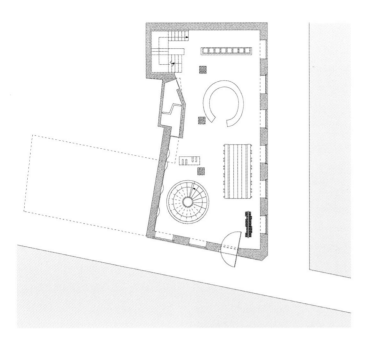

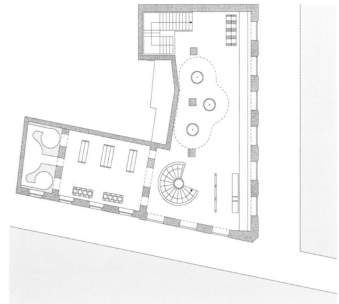

背景

鸳鸯是一个意大利的时尚品牌，它创立于1977年，以箱包见长。鸳鸯是一种色彩鲜艳的鸟类，以长途飞行而不停歇著称，完美地象征了公司及其高端、奢华的客户形象。旗舰店所在的主建筑是一座位于圣奥诺雷街（Rue St-Honoré）的无明显特征的19世纪建筑物。

理念

我认为公司品牌形象的整体策略有一点落伍。当代竞争如此激烈以至于购物变成了一种娱乐行为。你不能只限于售卖产品，或者为了售卖产品，你需要顾客提供一种体验。在每个城市排挤掉同样的店铺未必是实现这一点的最有效的方法。[1]

上图　收银台位于商店一层的后部，通过U形的节能灯管照明。

顶部左图　一层平面图。建筑位于街角，其内部围绕着一系列空间组织，每个空间均各有自的特点。

顶部右图　二层平面图。商店的二楼占据了相邻建筑的二层，其内部组织如同一个室内景观世界，布置了各种不同的展品。

楚格（"干燥"或者"简约"）（Dr or Sober）是一个关系松散的设计师团队，最初由雷尼·拉马克斯和海斯·贝克成立于1993年。他们意识到设计观念的转变，尤其是可循环利用物品的优势，于是创立楚格便于展示设计作品及其设计师。雷马克斯和贝克都是艺术总监和委员，以楚格的名义负责宣传新作品。

鸳鸯品牌起初委托楚格设计一款手提包，之后是一个商店橱窗。这些合作的成功促成了巴黎一家新店的委托设计。这家店是公司全球经销店的一次策略重组的一部分，这种策略表现为三种不同类型的商店。"大使馆"（Embassies）应用于旗舰店，风格和特征都具有自主权单元。"领事馆"（Consulates）是中型的商店，"街角"（corners）是百货大楼中的店铺或者是稍大一些的精品店。委托楚格设计的是巴黎的"大使馆"，这家著名的商店面积约为300平方米（3230

平方英尺）。拉马克斯和贝克将这个室内设计项目看作一次"组织"（curate）室内所有物品的一次机会，目的是为了让陈列的展品具有生命力。因此，设计理念是以家具为主的策略：将室内视作参观者浏览室内物品的一道"景观"（landscape）。

组织

这家商店位于圣奥诺雷街和阿尔及尔街（Rue d' Alger）的转角处。占据了现有建筑的一楼。商店一层的正面和侧面是巨大的展示橱窗。二层跨越了邻近商店的底层延伸出来。空间中除了后部和侧面的一些柱子，整个室内没有任何内部结构支撑。

室内空间通过一系列称之为"蚕茧"（cocoons）的要素构成。它们促使空间可以理解为一系列不同的展示环境——顾客可以在它们之间任意穿梭，每次都可从中获得不同背景中的展品体验。一层和二层

之间的交通空间位于商店的前部，其造型是一座精心设计的螺旋钢梯，盘旋而上，像一个超大尺度的开瓶器从空间中钻孔而出。

细部

商店整体的内墙表皮风格相对中性化，白色的墙面和雅致的浅色树脂地板。设计理念是雅致的背景可以突出新家具的奇特造型。手提包陈列在特大号的"别针墙面"（pinwall）上，别针由铝管制成，位于商店的入口处。从商店的一侧推压手提袋后刺状的突出物，橱窗中会显示墙体背面另一侧突出的手提包轮廓形状。盘旋而上的螺旋楼梯，刷成了白色、黄色和绿色，其设计意图在于吸引参观者的注意力，并引导他们上至二楼。一个小通道，两边是层叠的塑料平台形成的背光小隔间，用于陈列手提包，吸引着游客深入到商店内部。而平台的使用是对游览的短暂特性的一种思考——它与

那些购买皮箱的顾客的生活方式有关。一个由固定的橡胶手套操作的孵化器用于展示小型的珍贵商品，这些商品通常不让顾客触碰。一个大型的钢制"炸面圈"（doughnut）在其耀眼的钢制外壳内部隐藏着一个衣服陈列架。它的外观暗示了一种排他性，然而它的内部却装满了衣服和手提袋。

楼上设置了一个有趣的展示游戏环节，用金属杆制作的幕墙背景不断变化，衣服夹置在两个真空成型的展示墙之间，以及一个由许多悬挂着的钢珠帘子组成的"幕帘隔间"（curtain room）。整个空间的体验如同游览了一个家具景观世界，其中每个区域提供了各自不同的方式，供游客参观，并与在售商品互动。

1 Simon Foxton (Creative Consultant, Mandarina Duck), quoted in Paul Hunwick, 'An Open and Shut Case', *Blueprint*, December 2000, p.51

左图　从商店室内看到的巨大而有趣的风车包墙面。

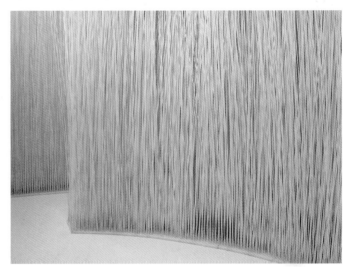

顶部左图 "孵化器"（incubator），展示的是珍贵的展品，必须戴上橡胶手套才能触碰这些展品。它的前方是螺旋楼梯。

顶部右图 颜色鲜艳的石灰绿螺旋楼梯设计非常抢眼，吸引游客上至二楼。

左上图 耀眼的钢制"炸面圈"用于衣服和手提包的重点展示区域。

右上图 摇曳的钢棒组成的高墙将更衣室和顾客从公共区域隔离出来。

项　目：亚历山大·麦奎因（Alexander McQueen）
设计师：威廉·拉塞尔（William Russell）
地　点：纽约，纽约州，美国
时　间：2002 年

上图 衣服陈列在一个似乎是经过雕琢的冰川环境当中，其中的地面成为了墙面，而墙面又变成了顶棚，以此类推。

左图 前门上方的一个小雨棚指明了处于纽约肉类包装区真实环境中的商店的入口位置。

背景

非常具有创造力的时装设计师亚历山大·麦奎因委托来自五角星（Pentagram）设计事务所的设计师威廉·拉塞尔设计他名下的位于纽约西第14街的旗舰店。这个旗舰店之后也成为了他的伦敦店和米兰店的样板间。

这座商店占据了位于曼哈顿下西区肉类加工区的一栋4层仓库的一层。该区域曾经是这个城市的屠宰场和库区，到了20世纪80年代，这一区域开始没落，并且因为卖淫和毒品交易变得臭名昭著。到了20世纪90年代，该区域以艺术家和设计师为代表的中产阶级逐渐显山露水，伴随着设计师精品酒店开始繁荣。如今，该区域已经成为了纽约最时尚的街区之一，区域里仅剩下少数几个屠宰场和包装工厂。

理念

与著名的纽约传统高档的商业街麦迪逊大道（Madison Avenue）形成对比的是，在一个很真实的市中心区域作为新旗舰店的选址所在是经过一番深思熟虑之后的尝试，目的是为了强化麦奎因作为一个"前卫"（edgy）设计师的身份标签。麦奎因和他的同事——英国时装设计师斯特拉·麦卡特尼（Stella McCartney）在该区域开设了第一家高端时装商店。如今，许多其他时装设计师，以及餐厅、旅店、夜总会、甚至还有一家苹果（Apple）专卖店，共同将这一曾经令人质疑的地方变得更加繁华。

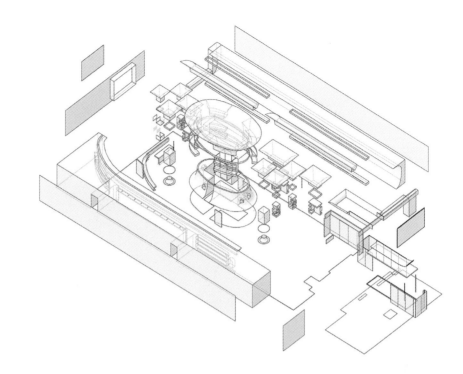

顶图 空间的轴测图表明了室内围绕着中央枢纽进行布局的方式——"母舰"包括更衣室和时装展示。

上图 巧妙设置的镜子无穷尽地反射着室内表面的光泽。

麦奎因因其精致的裁剪技艺而闻名——归结于他受过萨维尔街（Savile Row）上安德森与谢泼德（Anderson & Sheppard）和君皇仕（Gieves & Hawkes）两家传统男装名店的正规训练，这两家都是服装裁剪技艺的大师。因此也就要求拉塞尔的设计要体现麦奎因的时装特色，并捕捉到麦奎因著名的时装表演的一些精华所在。这些时装通常是令人难以置信的高端奢侈产品，展示的场所也非同寻常，如市级游泳池、历史宫殿等。拉塞尔的构思是将室内设计成一个精心构建的透视场景，它内含着一个从肉类加工区的真实环境进入到一个冰川雕塑的室内空间的过程。

组织

商店前门上方的一个小雨棚含蓄地宣告了临街的 335 平方米（3600 平方英尺）空间的存在。一个巨大的展示橱窗，以及一块由地面至顶棚通高的广告牌，指明了入口的位置。原有的建筑被隐藏，新的室内空间遮盖了原有的结构，商店室内的柱子也被包裹起来，一并纳入到新的展示系统当中。后退的前门突出了较深的入口空间，使游客从进入的那一刻起与室外环境隔离开来，并能进行调整以适应一个非常纯粹的白色空间。

室内空间被设计成一个动态的空间离心机。曲线的墙面，可以弯曲延伸上去成为墙面的地面，这些墙面还可以进一步弯曲成为顶棚或者悬挂的陈列空间，共同创造了一个动态的空间，吸引了游客的目光，促使游客不断前行。室内空间围绕一个设计师称之为"母舰"（the mother ship）的中央"枢纽"（hub）进行布置。枢纽包括三个更衣室和几间用于展示时装的雕花玻璃隔离。更衣室墙面为胡桃木，这是一种奢华而且有细部的木材表皮，可以减轻纯粹白色室内空间的压抑感。接待区域嵌入到空间后部墙体厚厚的装饰构件中。发光的水磨石（Terrazzo）地面平滑上升形成了收银台，看上去形成了雕塑的一部分。

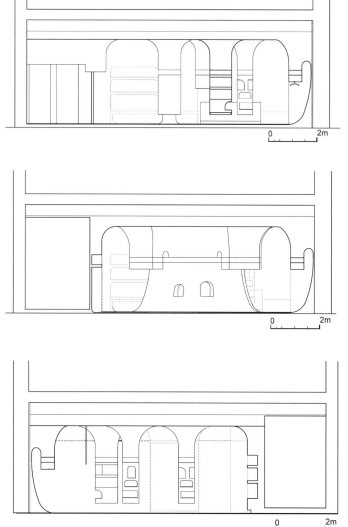

上图 商店插入到一个不起眼的仓库的一层当中。它没有受到周边建筑的任何影响。

右图 每个空间的小剖面都表明了地面/墙面和天花/墙面的连续界面关系。

细部

空间的造型如同从一个实体中雕刻或掏空而成，而非一件件搭建而成。因此，从概念上讲，只有两种表面——顶棚/墙和水磨石地面。墙面平滑连续地弯曲形成顶棚，顶棚又反过来向下弧状弯曲形成悬挂着的陈列橱柜，仿佛它们均来自于同质实体。[1]

室内空间的创作手法暗示了麦奎因在他的作品中包含的折中和戏剧方面的影响。商店采用的是完全量身定做的构件，既符合麦奎因的品牌特征，也创造了一种适合于精心展示每一件物品的舞台背景。墙体内衬的是由地面向顶棚演变形成的波浪形曲面，凹处形成壁龛用于展示衣服、鞋子和手提包。顶棚成拱状，并形成了许多悬挂着的展示单元，一些是嵌入式的，一些是镜面式的。其中一个空间给人的印象是从一个实体中雕琢而成或者是从地上挖掘形成的。白色的石膏墙面和光彩熠熠的水磨石地面做法经过雕琢和抛光后形成一个连续的内衬，将顶棚、墙面和地面合并为一体，形成一道冰川景观。

用于展示优雅的衣服的拱顶、壁龛，雕刻形成的凹槽和拱形凹室的创作手法唤起了一种宗教的环境氛围，其中珍贵的圣物箱设置在墙里。照明系统也是凹入墙中，采用的是蚀刻玻璃罩面的窄长发光灯带造型，从而强化了室内空间的冰川特征。

顶图 如同珍贵的圣物箱，鞋子和手提包陈列在悬挂着的陈列单元上凹入的壁龛中。

上图 室内让人联想起冰川景观，而水磨石地面反射的隐藏式照明的灯光强化了这一印象。

顶图 收银台凹入于商店内部表面弯曲的墙面当中。

上图 衣服的照明方式具有神秘感，并悬挂于空间的有机曲面当中。

1 William Russell, *Frame*, Shonquis Moreno article, *Frame* 31, March/April 2003, p.86

项　目：圣卡特里纳市场（Santa Caterina Market）

设计师：恩里克·米拉莱斯和贝娜蒂塔·塔格里亚布（Enric Miralles and Benedetta Tagliabue）事务所（EMBT）

地　点：巴塞罗那，西班牙

时　间：1997—2004 年

上图　市场波浪起伏的新屋顶造型。

左图　屋顶由扭曲的钢管柱支撑，它跨过老市场原有墙体的上方呈波浪起伏状。

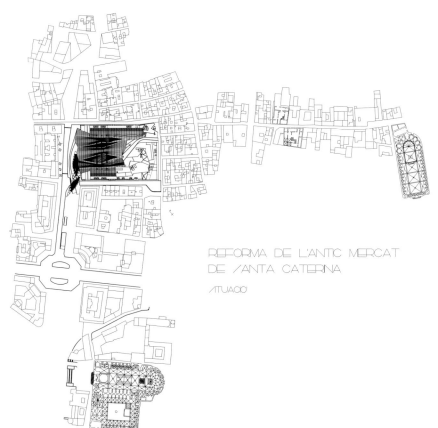

左图 新市场恰好位于教堂的北部，占据了巴塞罗那斯克地区非常重要的地理位置。

下图 建筑的正交矩形平面通过市场南部和西北角的餐厅和酒吧设计得到了强化。但动态流线的市场摊位设计布局淡化了这种矩形的方正感。住宅区位于建筑的南部角落处。

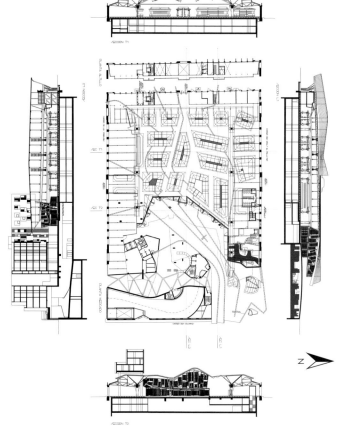

背景

这个有顶盖的集市场位于巴塞罗那的斯克广场（Gothic quarter），是城市中最古老的建筑之一，其历史可以追溯到1848年。这座18世纪的集市建筑建造在中世纪的多米尼加（Dominican）圣卡特里纳修道院的遗址上，该修道院烧毁于1835年。

20世纪90年代初期，居住于市场附近的设计师发起了一场旨在抢救市场以免于毁坏的运动。1997年，他们在改造建筑的竞赛中获胜。然而这一项目却多次被延误，原因包括在建筑地下发现罗马墓地的遗址，以及在设计过程中恩里克·米拉莱斯与世长辞。

理念

将毁灭视为"解决"问题的唯一途径是另一种错误。相反，正确的答案在于不断地使用。就像思考和再思考。建筑只是思考现实的一种方法，因此，新建筑覆盖在原有建筑之上。它们混合在一起，相互协调，其目的是为了使那个地方呈现出最好的特质。因此，使用聚集（conglomeration）、混合（hybrid）这些词是很合乎逻辑的。这些词语不同于黑与白的二分法。[1]

在加泰罗尼亚（Catalan）语言中，plaça（plaza，西班牙语中的"广场"）意味着"场所"，即"市场"的缩写形式。圣卡特里纳市场被视作是该城市的斯克广场新总体规划的重要节点。EMBT 的规划方案是将它视作一个具有历史意义的城市，并将它的各个组成部分有机编织在一起，而不是推崇大规模的拆除和破坏，因为这一策略应用于拉瓦尔（Raval）并未奏效。

场地的层次很丰富：废墟建筑上各种被填实的土层，表明其数个世纪的历史，并相互建在彼此之上。设计师意识到了层次的含义，并形成了这样的理念——场地是一系列的叙事——新层次的叠加不仅适合于这座建筑，还可为新旧建筑之间的混合讲述一个新的故事。基于对场地的这种解读方式，设计师保留了市场的侧面和一些用于支撑现有建筑屋顶的桁架构件，并将它们融入到新建筑当中，用以唤起人们对原有建筑的回忆。

组织

市场的停车和服务设施位于地下，是挖掘出来的地下室。在市场的西南角设计了两栋塔楼，内有 59 户住宅，用于安置老人。原有市场第四个立面的东南角被切断，一个新的市场设置在建筑被切断的部分的周围，扩大了建筑的公共尺度感，并从本质上将它与城市联系起来。第"五"（fifth）立面是一个宏伟的屋顶，连拱状地罩扣在市场上方，下面覆盖了 60 家摊贩的货摊。

高大的桁架，一些是新的，一些是原有的，与建筑两边的支撑柱子一起促成了大跨度的室内开放空间。这也就使得市场的室内空间可以在波浪状的拱形屋顶下采用自由平面的布局方式，空间流通。市场货摊采用的是棱形的排列方式，由此形成了贯穿空间的通道和内街。酒吧和餐厅在建筑最热闹的南立面和西北立面处形成了一个固定的边界。市场的原有墙面上有许多拱门，与周边街道相连通。所选用的花岗石铺地，与周边街道的地面非常匹配，目的是为了在城市与室内之间保持连续性。

细部

屋顶的表面覆盖的是 325000 片色彩斑斓的彩色瓷砖，瓷砖排列组合成了屋顶下方售卖的水果蔬菜像素化的抽象图案。整个屋面采用的是六边形的平板瓦。碎瓦也混杂在其中——一种"高迪式"（Gaudí-esque）的瓦工技术叫作"碎瓷拼贴法"（trencadís），这种技术与加泰罗尼亚历史有着密切的渊源。5500 平方米（59200 平方英尺）的屋面经过几次计算机效果模拟，目的是为了克服各种困难将瓷砖排列出满意的铺装效果。屋顶的底面用西洋杉木贴面，杉木仅在两个天窗处断开，从而可以让自然光照射进大厅。新的西南立面表面设置了数组看似不规则的板条木，像是许多拆除的门窗框安装上去的。树状的结构柱呈现一副扭转的姿态，如同从坚固的混凝土底座中生长出来以支撑新的钢管屋顶桁架。

在这个色彩鲜艳的、充满活力的建筑的笼罩下，小贩的货摊和商人的摊位呈现出一幅艳丽的、生动的、灯光煜煜的景象，琳琅满目的鱼肉、蔬菜和水果，一切是如此和谐。

1 Benedetta Tagliabue, quoted in *Architecture & Urbanism*, May 2005, p.90

右图 进入市场内部的其中一个入口，是老市场立面上保留的原有入口。

最右侧图 市场摊位广告和食物的艳丽色彩与屋顶底部钢木材料的肋状拱顶形成对比。

左上图　衰旧的市场东南端用木板围合起来，木板像是拆除的门窗框安装上去的。

上图　在围合的居住区底部周边形成的新广场。

左图　从周边住宅看到的景象：代表蔬菜水果的色彩鲜艳的像素化抽象图案占据了整个瓦屋面。

项　目：丹佛街集市（Dover Street Market）
设计师：川久保玲（Rein Kawakubo）
地　点：伦敦，英国
时　间：2004 年

上图　室内唤起人们关于集市的记忆，陈列了各种设计产品。

左图　夜晚，室内陈设的不拘一格，与建筑门窗严谨有序的构造布局形成了对比并得到了强化。

背景

丹佛街集市的构思来自于日本时装设计师川久保玲的一个百货商店设计。1973 年，川久保玲在东京创建了她自己的时装公司"像男孩一样"，1975 年开设了第一家时装精品店。这个项目的建筑主体是位于伦敦西区（London's West End）小巷里的一座 19 世纪的大厦——不远处是高档商业区如伯灵顿拱廊（Burlington Arcade）和新老邦德街（New and Old Bond Streets）。

理念

我希望设计一种集市可以让来自不同领域的设计师聚集在一起，在一种良好的氛围中互相之间思想不断碰撞出火花；混杂与汇聚了各种不同的具有强烈个人风格的思想。[1]

在 2004 年初，川久保玲和"像男孩一样"首创了"游击店"（guerrilla shop）的模式。这些临时性的旗舰店的设计只维持一年的时间，而且通常"出其不意"（popped up）出现在大城市过气区域的衰败空间里。秉承着非同寻常的独特时尚零售理念，2004 年，川久保玲的丹佛街集市开张营业，它选址在伦敦西区非常著名的购物中心附近的一座废弃的办公建筑内。川久保

右上图 不同的设计师通过在集市中营建专属于他们自己的微环境，从而在空间中标记了他们个性化的特征。

右图 有时展品的陈列方式犹如道具一般。通常这种情况下，旁边放置的大镜子和家具用于讲述衣服和鞋子的故事。

玲从市场的喧嚣中获得灵感，尤其是最近关闭的肯辛顿市场（Kensington Market），她打破了传统的著名的"街角"（corners）和"品牌"（brand）零售与营销概念，取而代之的是按照设计师认为合适的方式改造建筑。

丹佛街集市最初是由12位设计师与品牌"像男孩一样"一起共同展示商品。如今队伍已发展壮大，多佛街（Dover Street）和川久保玲名下囊括了很多著名的和初出茅庐的设计师。川久保玲的商店设计总是能反映她对时尚的激进主义态度，具体体现在构造，形式和材料选择方面。1983年，她的第一家美国店铺开设于纽约，是与川崎高雄（Takao Kawasaki）共同设计的，橱窗里没有任何商品，店铺里几乎也没有任何东西。这种激进的姿态震惊了美国人，只有大胆的人才敢冒险走进店门——对于那些可能试穿衣服的人来说，这是一个非常有效的自我选择的过程。自从这个概念，游击或出其不意的店铺模式出现之后，商店成为了主流零售官方语言的组成部分。

组织与细部

集市位于多佛街一栋正面是格鲁吉亚风格（Georgian-fronted）的办公大楼内。一共有6层平面，占地面积1000平方米（10760平方英尺）。一层朴实的店面与邦德街转角处精心设计的展示橱窗形成了鲜明的对比，仅允许仓促之间在玻璃橱窗上留下的标题印记。

这个建筑保留了最初"被发现"的状态，即裸露的砖墙和混凝土地面。即使是一个标准的办公风格的顶棚吊顶也在空间不同部位原封不动地保留了下来。室内空间呈现一种破旧不堪和半完成状态。在这种粗糙和混沌当中，设计师创建了展示厅，采用了各种小摆设、发掘的物件，以及他们能够找到的或者请朋友专门设计的各种材料和家具。空间效果是一种不稳定的状态，因为每个空间和楼层采用的是完全不同的设计理念，造成了室内空间混乱的感觉。这就达到了充斥着喧嚣的集市的理想效果——与那些时髦的、过度生产的、时尚品牌展示厅形成对比。

顶图和中图 发掘的陈列设施如手推车、博物馆以前用过的展示柜等都可以重新利用，并融入到零售空间当中。

左图 设计师偶尔也会将破旧的审美品位与精心设计的、崭新且简洁的家具形成对比。

这个集市在不断变化着。每年关闭两次，每次3天，目的是为了室内空间调整和设计新的配景。因此在一年中的某个时候参观店铺会与之后晚些时候参观看到的内容不一样。如同时尚的季节性变化，集市每个季节也要变装两次。在某个参观季中，一个匆忙搭建起来的由下脚木料和波纹钢制成的棚子，是一层的收银台位置所在。二楼的顶棚上悬吊着一盏枝形吊灯。脚手架、中密度纤维板箱（MDF boxes）和博物馆用过的柜子都可用来展示衣服、鞋子、珠宝和家具。随意的家具摆件——有些是当代的，有些是有年头的旧物——都陈列在建筑室内。

尽管其他的时装商店如普拉达（Prada）和古驰（Gucci）开设着越来越昂贵的店铺以衬托它们的品牌，"像男孩一样"却在全球范围内经营着游击式的店铺，且各具独特的氛围和品质。

1 Rei Kawakubo, Dover Street Market website

右图和右上图 老式家具经过改造后，陈列在木材厂的下脚料旁边，目的是为了用作空间中的陈列装置。

项　目：天堂书店（Selexyz Dominicanen Bookshop）

设计师：默克和吉罗德设计事务所（Merkx+Girod）：伊芙琳·默
　　　　克（Evelyne Merkx）（室内设计师）和帕特利斯·吉罗
　　　　德（Patrice Girod）（建筑师）

地　点：马斯特里赫特，荷兰

时　间：2007 年

左图　引人注目的黑色
钢制书柜插入到教堂室
内的大厅中。

上图　用 Corten 钢建造
的一个教堂新入口，与
老的建筑的室外立面形
成了鲜明的对比。

背景

　　天堂书店位于马斯特里赫特一个世俗化的多米尼加教堂内。教堂建于 13 世纪，一直是当地非常重要的一个修道院，直到 1794 年拿破仑（Napoleon）将多米尼加人驱逐出境。从那以后，这座世俗化的建筑多年未得到充分利用，或是作为城市的档案馆，或是花店，甚至是自行车场，直到 2005 年被荷兰书商 BGN 买下。

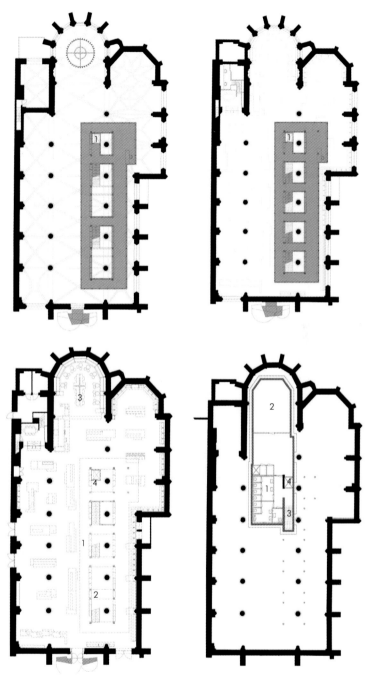

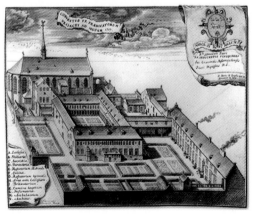

左上图　在历史上，这座教堂曾用作自行车场，甚至是花店。

左图　教堂曾经是马斯特里赫特修道院的一个组成部分。

顶部左图　二层夹层平面图
1 电梯

顶图　一层夹层平面图
1 电梯

左上图　一层平面图
1 大厅
2 书柜
3 咖啡厅
4 电梯

上图　地下室平面图
1 洗手间
2 储藏室
3 楼梯间
4 电梯

理念

重点是要保留哥特式教堂建筑优雅的室内空间特征和品质，而这一项目要求占用1200平方米的面积以满足商业需求；相当于教堂可利用面积的两倍。因此要求设计方案既能满足客户的需求，同时还能保持原有室内空间的完整性。

默克和吉罗德设计事务所决定充分利用教堂的高度，提出插入一个大尺度的"书柜"构造方案，从而可以创建足够的销售面积，同时还能保持原有建筑的尺度、细部和氛围。客户对顾客使用二楼持有异议，而将书柜作为一个平台的设计理念打消了客户的疑问，并提供了观看教堂美景的场所。逐渐升高的美景终结于顶部1619幅引人注目的天顶画，由简·文森斯（Jan Vessens）绘制，主要描述的是圣人和罪人的圣经形象。电梯的安装实现了"藏书架"（stack）的概念设计，它将新开挖的地下储藏室区域与书柜的其他楼层相连通，由此可以在商店的不同楼层之间便捷地运输厚重的书籍。

组织

将教堂改造为书店使得设计师可以创造具有多层意义的共鸣空间。既有建筑丰富的、半废墟状的结构构造为书籍和咖啡厅创造了一个不同寻常的背景。任何新插入到建筑中的设计都需要与教堂大厅的巨大尺度相呼应。

多层黑钢材质的步入式书柜垂直于教堂的大厅布置，其设计是为了与教堂建筑体量保持均衡，同时还能具有自身不同的材料特征。通过"盒子"（case）向上的旅程让参观者途经了书架——一系列压抑和释放的过程——在退入到大厅的开放空间之前。书柜是一个巨大的构筑物，可以匹配教堂的巨大空间尺度，而且根据教堂的尺寸量身定做。书柜尽管尺寸

下图 发掘出教堂的部分地下室便于设置服务用房和一部供各层书柜使用的新电梯。

右图 教堂和书柜的短剖面展示了设计的照明方案。

右下图 书柜嵌入在哥特式教堂巨大的结构体系当中。

最右侧图 书柜的顶部设置了隐蔽照明用于照亮拱顶彩绘的天花板。

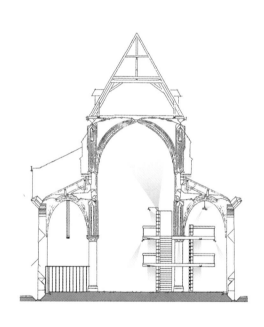

大，但是看起来非常轻，它的钢框架结构和穿孔板罩面层轻盈地架在教堂室内的砂岩基座上。

形成对比的是，高大的书架与室内平面相垂直，而许多低矮的展示基座却设置在教堂中厅裸露的柱子之间。尽端是位于中厅侧窗下方的壁挂式书柜装置，并嵌入到教堂的侧壁中。咖啡厅位于教堂的后殿。在它的中心位置有一个巨大的十字架形状的桌子，提醒使用者建筑原有的功能。

细部

我尊重好的室内空间胜过于尊重好的建筑。设计室内空间不仅需要理解建筑同时还需要对特殊的细节具有判断力。提炼、细致、细部——是三个核心要素。[1]

在设计新的室内空间时，使用了一个精心挑选的小型材料调色板。黑钢制材料选作书架的结构，因为它与教堂厚重的砂岩形成对比。穿孔的黑钢制材料用于书架的栏杆，从而可以最大限度地看到上层书架的景色。水平布

置的基座，设置在室内的一层，采用了模数化制作，是由简单的工业标准化生产的纤维板组装而成，并应用于塞莱克斯所有位于荷兰的书店当中，尽管此处它采用了不一样的构造方式。教堂的新入口采用了 Corten 钢材料建造，设计造型是与一个建筑室内形成巨大反差的雕塑状的方盒子。室内的照明也经过了精心的设计。照明系统隐藏在钢制的书柜结构内部，以确保各层展示空间得到足够的亮度。结构也同样隐藏了环境照明系统，这个系统照亮教堂的室内空间，以及非常引人注目的彩绘天花。

书店奇特的选址方式需要设计师同样独特的设计理念。巨大的书柜设置在教堂的室内，并没有主导教堂空间，也没有被原有建筑的巨大尺度所遮蔽，而是平等地相处。这个方案保持了原有建筑的特征，而插入的这个巨大的、奇特的单元则强化了新旧建筑的特征。

---

1 Patrice Girod, quoted in Birgitte van Mechelen, *Merkx+Girod*, Birkhäuser, 2003, p.4

展示是人类固有的一种行为方式，并不断实践于日常生活当中。[1]

本章重点介绍改造后用于"展示"（dispaly）的空间设计项目——以展览的形式陈列藏品。展览设计是一种创造性的表达方式，包括表演和装置艺术在内的艺术实践形式。它也同样包括更商业化的活动，如商品交易会、品牌体验和世界博览会。展示的活动规模可以是城市级别的，如常见的世界博览会；也可以是小型的个人空间的规模。展览或者展示可以是永久性的也可以是临时性的。然而不论展览的规模大小或者时间跨度长短，通常展览实践形式主要关注于两个方面的内容：展品的叙事传播方式，以及它们与展示空间之间的关系。

将一个既有建筑改造为展览场所，通常需要采取两种方式中的一种展示自己——一种是将空间改造为一个被动的容器，另一种方式是将建筑调整为叙事的装置。两种策略都需要通过展示、布局以及展品与空间之间的序列清晰地表述展品之间的对话。在这种交流中，被动的容器不会发挥重要的作用；而叙事装置则会突出交流并积极参与其中。

中立的或"被动的"（passive）容器通常用作展示空间，因为它们不会抢展品的风头。这类空间入选的理由也会是因为它们的空间规模适度、位置合适，或者是可调控的气候环境适合于高效地展示展品，使展品免受周围环境的影响。通常认为这种类型的空间可供"非特定场所"（non-site-specific）的展览。这类空间适用于正规或非正规的画廊、仓库、工厂，甚至任何一处可以展示展品的场所。通常只维持较短的时间，然后展品撤离，空间恢复到原状。而有些原有建筑经过精心挑选，用以突出特殊展品的叙事传播方式。通常这类空间和相应的展览称为"特定场所"（site specific）；展品陈列在专门的画廊、博物馆中，其中的展品与环境密切相关。

无论是采用哪一种展示方法，展览的物品和要素，它们所处的环境，共同构成了展示语言，其中展品和环境之间的关系是最重要的因素。

第4章 **展示空间**

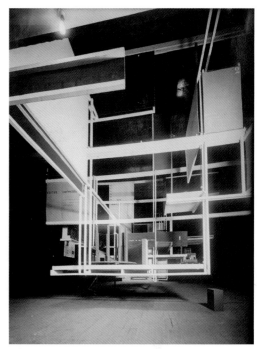

展示的起源

　　展览领域曾经是富有阶层、上层阶级和精英人士的专属领域，当代社会各阶层人士逐渐开始能够进入并参与其中。[2]

　　展示活动，尤其是博物馆藏品的展览，发端于文艺复兴时期。富有阶级和豪门贵族赞助艺术家并收藏艺术品，目的是为了向其他贵族进行炫耀，展示他们的富有和权威。在工业化的 18 世纪和 19 世纪，专门订制的新博物馆和画廊逐渐风靡，其作用是给原有的古老藏品一个安置场所。收购和遗赠的私人藏品保管在豪宅中，豪宅的设计是为了体现房主的地位并教育公众。早期的博物馆如卢浮宫或大英博物馆类似于仓库，里面塞满了画作，通常这些绘画的布局方式就是布满整个墙面。

　　除了公共博物馆的发展之外，"博览会"（exposition）或大事展览在早期也促进了市立博物馆和画廊的发展。它们在藏品陈列向大众开放的观念转变中发挥了重要作用。通常在专门设计的建筑中举办这些大事件展览。这些大事件主要是展示某个国家的实力和技术水平，表现为印象深刻的大尺度景观的形式。

　　1851 年举办的万国工业博览会（Great Exhibition of the Works of Industry of All Nations），位于伦敦的海德公园（Hyde Park）一座巨大的玻璃和铸铁建筑中。这座著名的建筑由约瑟夫·帕克斯顿（Joseph Paxton）设计，结构设计师为查尔斯·福克斯（Charles Fox）。建筑 560 米（1848 英尺）高，125 米（408 英尺）宽，展示的藏品种类繁多，从珍贵的石头、纺织品到世界各地进口的家用电器和机器设备，应有尽有。此次展览非常成功，以至于 600 万观众的门票收入不仅还清了建造和展览的费用，还筹集了足够的资金用以建造公园南侧的三栋历史建筑：维多利亚和阿尔伯特博物馆（Victoria and Albert）、科学和自然历史博物馆（Science and Natural History Museums）。此次博览会开启了之后的世界商品交易会和博览会的新潮流，从此，占地规模庞大成为世界各地城市中主题展馆的一个重要特征，并通常得到国家或工业界的赞助。这种潮流一直流行至今，世界博览会也成为主题娱乐公园的先驱，而主题娱乐公园本身也是休闲娱乐的一种浮夸展现形式。

对页图　伦敦海德公园万国工业博览会的大厅，由约瑟夫·帕克斯顿于 1851 年设计。

左上图　1934 年纽约现代艺术博物馆展出的"机器艺术展"，策划人为阿尔弗雷德·H·巴尔。

上图　弗雷德里克·基斯勒设计的"空间城市"。

新博物馆

如果一座新的博物馆建筑使它室内展出的藏品黯然失色——与其目标背道而驰，这座建筑则可能会受到质疑——因为老建筑同样拥有成为展品的权利。[3]

展览的信息和沟通维度，展示的方式和展示的环境表征了 20 世纪和 21 世纪的陈列和展览活动。尤其是过去 50 年来的展示策略从说教式的关系转向了互动的模式。在这种模式中建筑的角色非常重要。新的美学观应用于在 20 世纪博物馆和画廊，相应出现了新的

左图　巴黎的奥赛火车站，曾经是一个火车站，1986 年建筑师盖·奥伦蒂将其改建成为奥赛博物馆。

左下图　弗兰克·阿比尼设计的意大利热那亚（Genoa）的圣洛伦佐珍宝博物馆，雕塑和文物陈列于三个圆形的房间内。

下图　库尔特·施威特斯设计的"梅尔兹建筑"，日常零碎用品组合汇聚成一种空间结构。

布展形式，即产生了新的需求，不再采用 18 世纪和 19 世纪的展品分类方式。相反，当代画廊和博物馆成为了专家的审美判断空间，如馆长、设计师，并融为一体，以确保展览有效传递了设计工作的信息。早期的布展设计工作由艺术史学家和纽约现代艺术博物馆（Museum of Modern Art）第一任馆长阿尔弗雷德·H·巴尔（Alfred H. Barr）实施，并综合展示了博物馆的布展理念是将展品的思想传递给观众以获得共鸣。

纵观 20 世纪，设计师和馆长采取了各种有趣的方法，目的是为了在观众与当代展示空间的展品之间形成一种密切的关系。1924 年，弗雷德里克·基斯勒（Frederick Kiesler）开创了一种独立的、可移动式的陈列装置用于维也纳"国际剧场新技术展"（International Exhibition of New Theatre Technique），他将这种装置称为 L&T（Leger und Trager；"横列"和"支撑"）（lying and supporting）体系。该系统应用于空间中，其结构内可以展示成百上千件展品，如绘画，模型和服装。在巴黎现代工业和装饰艺术国际展（International Exposition of Modern Industrial and Decorative Arts in Paris）奥地利展区设计中，基斯勒进一步改造和优化了该体系。他创造了一种填满了展馆内部空间的巨型结构，称之为"空间城市"（City in Space）。展览包括了奥地利建筑师和艺术家制作的

建筑模型、绘画、布景设计、剧场平面、景观草图和服装。系统是可变的，参观者可以改变展品的陈列方式从而更容易理解和互动。关于展览的描述如下：

可变性、组合性和运动是设计的要素，它们表明了基斯勒关于展品"连续不断地延伸体系"（continuous tensionism）的建筑理念。[4]

在20世纪20年代早期，德国画家、达达主义艺术家（Dadaist）库尔特·施威特斯（Kurt Schwitters）创造了抽象拼贴画，素材源自搜集到的日常零碎如公共汽车票、旧信封和罐盖。他将这些东西订在一起并上色，并将这些组装的东西定义为"梅尔兹"（Merz）画，通过使用这些现成的元素从而理解当代的事件。他进一步建造了一系列"梅尔兹建筑"（Merzbaus），其中第一个是在他的家乡汉诺威（Hanover）。它是：

一根巨大的建筑雕塑状的柱子，穿透了既有建筑的顶棚，直抵上一个楼层。[5]

"梅尔兹建筑"集拼贴画、绘画和零碎之大成，且融入到了一个雕塑状的变化发展过程当中，它占据了施威特斯家里的房间。雕塑的柱子从地下室一直长到阁楼，贯穿了住宅的房间和室内空间。如果朋友们带来展品，施威特斯将它们与其他现成的零碎物品一起陈列于"梅尔兹建筑"。雕塑和其展品的流动状态——随时不断调整以容纳新的展品——象征着参观者和展品之间的互动关系。"空间中的城市"展示系统

和"梅尔兹建筑"是展品和参观者之间形成互动的早期原型。

环境叙事

每当记忆被唤醒，它总是被新的经验更新和修改，我们对建筑的敏感度变成了一种回忆和重读的集合。[6]

在过去的大约60年里，建筑的再利用成为一种更加可行的解决方法用于改造当代文化空间，如画廊、博物馆和剧场。这种策略可以提升城市肌理的连续性和完整性（resonance）。

通过建筑的外部房间和空间中展品的布局方式，对建筑进行适应性再利用，如陈列和展览，设计师和馆长从而创造了一种新旧意义的组合感。当设计的建筑需要将它作为展品叙事的装置时，这一点变得尤其突出。建筑和展品的故事或得到深化，或被改编，均取决于设计师。环境和展品的相互交融有利于形成一个新的室内空间。卡洛·斯卡帕最擅长采用这种方法。在维罗纳（Verona）的古堡美术馆的修

复和改建过程中，他通过创新性和选择性地拆除，揭示了建筑不同的历史阶段。这座城堡是各种不同年代建造的复杂产物，斯卡帕经过努力研究，理清了建筑的不同阶段，目的是为了展现场所既复杂又丰富的史诗篇章。

斯卡帕从三个方面实现了建筑的适应性再利用。首先，他认可并展示了建筑物的各部分历史面貌，因此保持了它们原真性。其次，他通过类似于外科手术的设计理念，将城堡所有真正的遗迹都毫无保留地展露出来。最后，他扩建了部分新建筑，新建部分可以将整个建筑结合为一个整体，不仅填补了间隙部分，也没有破坏历史的面貌，更没有摧毁历史的创伤。[7]

改造现有建筑可能采取的是一种强硬的侵入方式，将新的元素直接强加于现有建筑结构之上。这些新元素如一些细小的变化、改造、扩建与拆除，由于受到现有建筑的影响，可能与原有建筑密切相关，但采用的建筑语言则可能

与现有建筑完全不同。1952至1956年间，斯卡帕同时代的建筑师弗兰克·阿比尼（Franco Albini）改造了意大利热那亚（Genoa）的圣洛伦佐珍宝博物馆，比斯卡帕开始设计古堡美术馆早了六年时间。他精心地改造了博物馆的地下部分，扩建了三个圆形的房间用于陈列文物和展品。这三间地下室的尺寸只有15米×16米，每间顶部采用透光的灯饰圆屋顶（lantern cupola）采光。

大型建筑的改造是城市改造的一个重要组成部分，它确保了城市的连续性——这种再生策略可以延续城市肌理的特质。在巴黎，奥赛火车站（Gare d'Orsay）是专为1900年巴黎世界博览会而建的19世纪火车站，其改建工程是密特朗（Mitterrand）总统的"大型工程"（Projects）计划的其中一项。火车站一度遭到废弃并面临拆除的命运。建筑师盖·奥伦蒂（Gae Aulenti）成功地将改建为奥赛博物馆（Musée d'Orsay）（1986年开

右图　颇受欢迎的"马卡特平民游行"（Parade of the Makart's Burgers），是位于维也纳"艺术之家"入口楼梯处的一个装置艺术作品，也是汉斯·霍莱因策划的"梦想与现实"展览的序曲。

放），其巨大的火车顶棚与各楼层、画廊和房间共同变成了室内的一道景观。

展示设计不仅是改建再生策略的核心要素，它还是城市叙事的关键所在。汉斯·霍莱因（Hans Hollein）策划的"维也纳：梦想与现实（1870—1930）"（Vienna: Dream and Reality）展览在维也纳"艺术之家"展出，展览汇集了许多艺术家、设计师和建筑师，并讲述了维也纳在世纪之交面临的不可思议的局面和事件。霍莱因如此描述这次主题展览：

这是一次真实的展览，展品充当了从梦想到现实的隐喻，紧随其后是那个时代从未有人梦想过的现实。[8]

互动

展览力求吸引那些博物馆

和教育专家称之为动觉型学习者的参观者。这些参观者,通常没有参观博物馆的机会,喜欢参与性的活动——做而不是看。[9]

随着数字技术的发展,互动,即从事体力和智力的活动,界定了过去60年来的展示空间形式。尝试邀请参观者参与其中——尤其是孩子——在展览中表现得更加活跃,展示策略和空间环境采取了各种手段以完全吸引参观者。

位于英国罗瑟勒姆(Rotherham)的麦格纳中心是一个非常具有吸引力的互动场所,参观者完全沉浸在一个巨大的棚子里,它曾经是一家繁荣的炼钢厂。通过一些互动

的亭子,此处还原了炼钢厂关闭之前一直沿用的生产钢材的过程。这些亭子被命名为"空气""水""土""火":生产中的四种组成成分。每个亭子内设置了许多互动的装置,装置的设计是为了邀请参观者探索并领悟每种元素的作用。

在21世纪之初,伦敦的千年穹顶(Millennium Dome)将14个地区覆盖于一个巨大的帐篷之下,其主题是"我们是谁""我们在做什么""我们住在哪里",这个穹顶被认为是世界博览会的一件大事,它内含了人们关注新世纪来临的一种反馈。在"我们在做什么"主题区,兰德设计工作室

(Land Design Studio)被委托设计"游戏"区域(其他区域分别是"工作""休息""交谈""金钱""旅程"和"学习")。他们设计了一个独立的亭子,不仅要允许大量参观者穿行,而且还要给他们留下持续的印象。

展示设计不管是叙事性的、互动性的还是仅仅基于展品的氛围和气场,都可以看作是一种装置,它可以在展品和环境之间进行沟通。它是一种可以创造学习体验的实践形式,而这种体验可以存在于任何选定的时间段。本章的项目例证了将现存建筑改造为展示空间涉及到的各种类型的问题。

1 Philip Hughes, *Exhibition Design*, Laurence King, 2010, p.10

2 Jan Lorenc, Lee Skolnick and Craig Berger, *What is Exhibition Design?*, RotoVision, 2007, p.12

3 Kenneth Powell, *Architecture Reborn: Converting Old Buildings for New Uses*, Rizzoli, 1999, p.181

4 Tulga Beyerle *et al.*, *Friedrich Kiesler: Designer*, Hatje Cantz Publishers, 2005, p.27

5 Robert Short, *Dada And Surrealism*, Book Club Associates, 1980, p.46

6 David Littlefield and Saskia Lewes, *Architectural Voices: Listening to Old Buildings*, John Wiley & Sons, 2007, p.12

7 John Kurtich and Garret Eakin, *Interior Architecture*, Van Nostrand Reinhold, 1996, p.26

8 Hans Hollein and Catherine Cooke, 'Traum und Wirklichkeit 1870–1930' (Dream and Reality), *Architectural Design*, vol. 55 no.11/12, 1986, p.2

9 Philip Hughes, *op cit.*, p.17

项　目：古城博物馆（Castelvecchio Museum）
设计师：卡洛·斯卡帕（Carlo Scarpa）
地　点：维罗纳，意大利
时　间：1958—1973 年

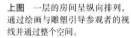

上图　一层的房间呈纵向排列，通过绘画与雕塑引导参观者的视线并通过整个空间。

左图　一张拼贴画显示了斯卡帕在将堪格兰德（Cangrande）雕塑放在最终的位置之前所尝试放置的各种位置。

左下图　改建后的东翼立面，堪格兰德雕塑最终放置在左侧。

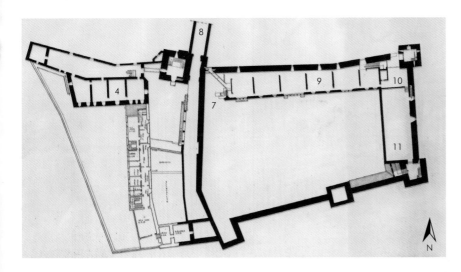

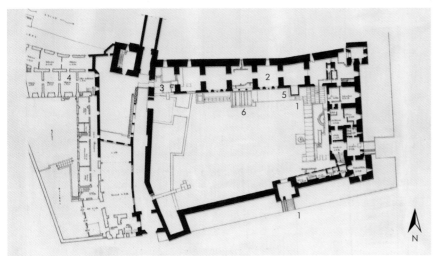

左图与左上图
一层与二层平面
1 入口
2 东翼
3 莫彼城门（Porta del Morbio）
4 西翼
5 神龛
6 老入口
7 堪格兰德雕塑
8 河上的桥
9 东翼二层
10 回到入口的楼梯
11 临时展览馆

上图 施工中的一层房间，斯卡帕把地面的大型石板竖立起来，当作拱门，目的是为了清晰地表示连接两个相邻房间的出入口所在。并采用同样规格的石板做成门洞。

背景

古城（Castelvecchio）['老城堡'（old castle）]最初建造于14世纪，是为德拉·斯卡拉（della Scala）家族而建的一个坚固城堡。其中的几栋现有建筑可以追溯到罗马和中世纪时期，包括建造于8世纪的位于阿夸罗（Aquaro）的圣马蒂诺（San Martino）教堂和部分12世纪的城墙。建筑物的地理位置具有重要的战略意义，在确保家族控制维罗纳（Verona）的同时也为其提供了一条逃跑路线，途经阿迪杰河（River Adige）上的一座坚固的桥梁。在拿破仑占领城市期间，老城堡被改造为一个军事要塞。1802～1806年期间，沿主庭院北侧和东侧先后建造了两座大型的军营。

在20世纪20年代，费迪南多·福拉蒂（Ferdinando Forlati）和安东尼奥·奥维那（Antonio Avena）最先将城堡改造成博物馆。他们按照早期文艺复兴宫殿的形式来改造营房的内部空间。之后于1958年斯卡帕受委托对老城堡进行新的改造，旨在体现建筑原有的形式，以及展现建筑的历史变化轨迹。

理念

通过选择性地挖掘与创造性地拆除，斯卡帕试图隔离并揭示综合体各种不同的历史层次。他试图将建造于不同年代的错综复杂的建筑遗址梳理清晰，以便使建筑成为一个巨大的人工产物或是有价值的发现。[1]

卡洛·斯卡帕的改造方法是基于对既有建筑意义的解读。他努力去了解场所的历史与文脉特点，然后采用一种崭新的当代表皮去传达种叙事特征。建筑的表皮被刮掉或者暴露出来，目的在于体现建筑历史的三个主要历史阶段，直到能够清晰地反映三个不同时期。这种介入产生了一系列小型的、精致的附加组成物，小心地施加在建筑物上。

组织

博物馆的主要入口需要穿过城堡的大门和庭院花园。斯卡帕将入口从营房的中心移到翼楼的东北角。博物馆的第一部分房间纵向排列于一楼，将参观者引导至桥上然后再到西侧翼楼，并可从二楼返回到参观的起点。这条简单的流线组织掩盖了改造方法的复杂性。这个项目开始于一系列的发掘工作，剥离建筑的掩盖物使其展现建筑最原始的面貌。

这些暴露在外的重要节点就是最引人入胜的历史遗迹。也就成为了安置这些物品或材料的地方。第一个发掘出来的古迹就是莫彼城门（Porta del Morbio），它曾经是连接城堡和桥梁的地下通道。这个场所是考古学意义上的重大发现，让斯卡帕决定了博物馆里最重要的雕塑坎格兰德一世德拉·史卡拉的摆放位置。这座雕像放置在一个室外的混凝土

左图 要改变富拉蒂仿制哥特式的外观，于是装上了新的嵌入式钢和玻璃屏幕，赫然仁立在博物馆老入口处，并位于东侧翼楼立面的中心。

最左侧图 西侧翼楼中两个房间之间清晰的入口框定了陈列在定制画架上的绘画。

上图 选择性地拆除东侧翼楼末端解释了这一节点处的历史痕迹。

左上图和插图 坎格兰德雕塑放置于这一节点处，表明了此处对于整个改建的重要性。

基座上，形成了隐喻性的"节点"（hinge），连接博物馆的东西两翼。并建造了一个新的吊桥，让游客俯瞰这座雕像，将桥堡（Torre del Mastio）或者城堡以及博物馆的翼楼联系到一起。游客在博物馆内参观的过程中可以多次看到这个雕像。第一次是进入城堡一层时：可以看到它的侧面，它位于东侧翼楼屋檐遮蔽的位置。游客在参观博物馆的途中从西侧翼楼穿过老城墙时可以看到雕像的特写镜头。

细部

在老城堡中，绘画和雕塑的摆放位置朝向参观者，并引导着空间的流线与景观。斯卡帕常用物体和现代材料来阐述建筑历史的不同叙事阶段；它们的摆放位置通常用于强调某个重要的节点。

屏风由钢框架结构建造，抛光石膏填充。斯卡帕认为应该改变东侧翼楼的富拉蒂仿哥特式对称立面。他的处理方法是在老窗后面加新的凹窗，仿佛在现有的墙后面加了一道新的墙体。新的方格与肌理刻意与原来的外立面不同，使它从室外看起来是一道风景。在整个博物馆，相同类型的屏风用来作为艺术作品的特定背景。彩色的抛光石膏用于烘托展示物品的细节。金属与木材制成的雕塑底座和画架设计精美。突出于立面并与新入口相邻的是露天庙宇（Sacellum），这个明亮的小空间通往东侧翼楼第一个房间。它的外部装饰为小块火烧花岗石和普兰（Prun）石。纹理从光滑到粗糙，颜色从白色到淡粉红色和红色。并在城堡的院子里形成了一个抽象的图案造型。

1 Sergio Los, Carlo Scarpa: *An Architectural Guide,* Arsenale, 1996, p.54

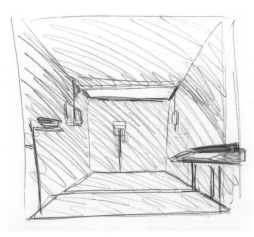

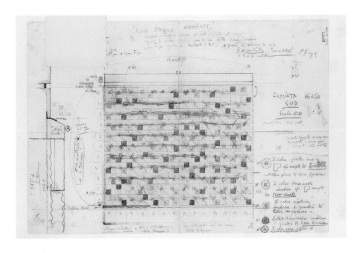

左图 露天庙宇的尺度与外观设计与拱门的比例及建筑周围的彩色石膏形成了鲜明的对比。

最左侧图 从一层的展厅所看到的明亮的露天庙宇。

上图 精心设计的露天庙宇外墙的火烧花岗岩形成的抽象格子图案。

左上图 露天庙宇的草图。空间中精心控制的光线。

项　目：海德马克教堂博物馆（Hedmark Cathedral Museum）

设计师：斯维勒·费恩（Sverre Fehn）

地　点：哈玛尔（Hamar），挪威

时　间：1967—1973 年，室内于 1979 年完工

上图　一条粗糙抹面的混凝土人行道从正在考古发掘的中世纪画廊上方跨过。

左图　洞口覆盖着巨大的玻璃面板，固定在建筑外部。虽然提供遮挡，它们并不能对室内起到保温作用。

背景

海德马克教堂博物馆建造在中世纪的哈玛尔大教堂（Hamar Cathedral）遗址附近——哈玛尔主教（Bishop of Hamar）的府邸［奥斯陆（Oslo）北部的一个小镇］。该遗址上还建成了一个大型农村谷仓，其位置具有特别重要的意义，它位于1302年主教修建的通往罗马的集市（Kaupang）小道上。

19世纪的谷仓被粗暴地建造在16世纪主教庄园的废墟上。谷仓下部的发掘发现了一座塔、面包店和监狱的残骸，以及保护着教堂免受入侵者侵袭的堡垒和城墙的遗迹。

理念

主要的建筑理念是创造一个保留哈玛尔 Bispegard 和 Storhamar 谷仓现存遗址的博物馆，使得考古发掘成为新建博物馆展览流线上的一个重要组成部分。[1]

新博物馆的建成是为了展示出土文物，并向博物馆的参观者传达其意义。费恩选择通过创造一个"悬浮的博物馆"，一个接近地表层和土壤层的结构，遮蔽了在其下方的考古挖掘。这座建筑被设计为该场地的主要部分，并且丝毫不影响场地现存的残垣。它不触及中世纪的遗迹，其明确的定义使得参观者能够清楚地辨别新旧建筑。

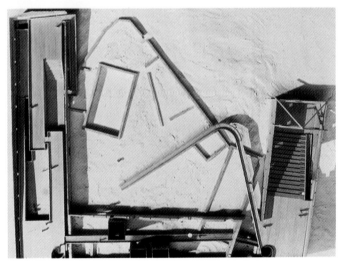

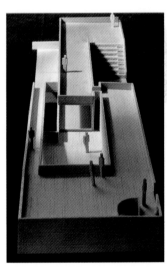

左图 博物馆的入口用框景的方式将视线通过场地转移到了教堂的遗址。

左下图 该设计的模型显示出了U形谷仓下层的主教庄园遗址平面。

下图 民族志展厅交通空间的模型，楼梯和坡道一来一往穿过两层空间，使得游览更为便利。

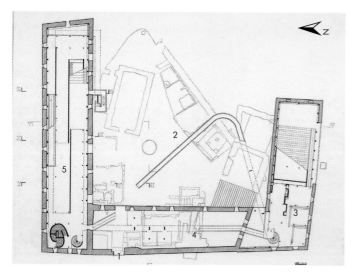

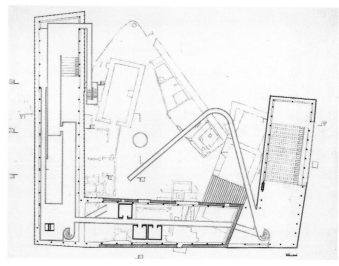

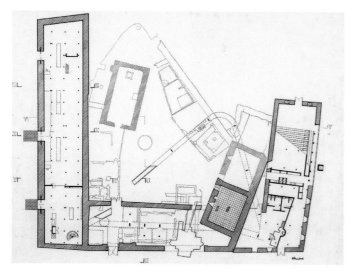

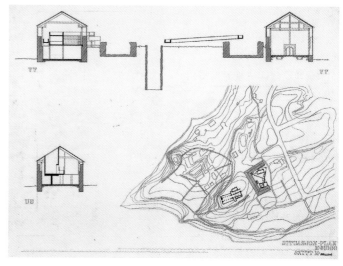

顶部左图和顶部右图　一层平面图和二层平面图
1 入口
2 坡道
3 南侧厅
4 中世纪画廊
5 民族志展厅

左上图　底层平面图表明了遗址和谷仓的关系

右上图　总平面图和三个剖面图

组织

U 形建筑分为三个部分。每一个"翼"都包含了博物馆的主要功能，建筑内部功能的分布与其场地有十分密切的联系。

中翼是中世纪的画廊，专用于展示其下部考古发掘的主要发现。朝北一翼则是旧谷仓，设计为民族志画廊。朝南一翼坐落在残垣断壁的范围之外，因此用作这座建筑的临时展览空间、礼堂和办公室。

一条简单有效的交通路线将三个空间连接起来。它吸引游客们穿过博物馆，最终将它们带回院子里，面对着他们旅程开始的起点——大门。通往博物馆的入口面向大教堂的遗迹，位于中世纪画廊和民族志展厅的转角处，即谷仓的西侧。新的入口设在相同的位置，门楼的残骸正于此处挖掘出土。粗糙抹面的混凝土坡道的设立是为了告知人们可以从大门对面的玻璃门洞进来，从

而将游客引入内院。坡道跨过庭院中的遗址，迂回进入建筑内部，到达三楼博物馆的西南角。

建筑内的坡道跨过遗址且逐渐升高进入室内，并做出夸张的姿态。一个螺旋楼梯将游客带下二楼，并进入中世纪展厅。一座抬高的桥贯穿了这层遗址，横跨了考古发掘现场，只在两处轻巧地碰到地面。这座桥通往三间混凝土小室，

其内收藏了从地下挖掘出土的珍贵发现。这座桥紧接着穿过入口上方，进入到民族志展厅。它由一个粗糙混凝土抹面的二层"托盘"组成，形成一个插入通道，将博物馆交通流线和展览对象巧妙地包含在其中。它似乎独立于现有的建筑，但它的尺度与谷仓均衡并没有压倒空间失衡。一系列的坡道、台阶和桥梁引导来回穿过博物馆这个部分的活动。一座小桥穿过谷仓的墙壁，将访客带回前门。

细部

新博物馆的主要元素采用的是粗野主义的设计方式，使其与既有建筑材料具有同等活力。它们清晰地阐释了新与旧的区别。此外还建造了一个新的屋顶，它由许多粗壮的木柱和桁架作为支撑。在民族志展厅，新的屋盖结构完全替代旧结构。两种结构的添加赋予了旧谷仓内部一种全新的均衡感和韵律感。建筑厚实墙的洞口外覆盖着大了一圈的玻璃面板。它们由螺栓固定在墙体的外侧。玻璃面板以及屋顶共同发挥了遮风避雨的作用，但在恶劣的冬季气候几乎不能保温（这座博物馆仅在夏季开放）。

新的室内构件都是用粗糙抹面的混凝土制造的。粗糙、粗犷的室内风格统一了博物馆的三个部分，并与未经装饰的谷仓结构的乡土风格相匹配。博物馆内的物品以一种精致的方式展出。精美的低碳钢托架和纤细的钢杆支撑着玻璃瓶，并放置在窗户的凹槽中。从地

面挖出的精品展示在玻璃和钢质的灯箱中。粗糙混凝土构造的背景风格与用作展示这些珍贵发现的精美装置形成了鲜明对比。

---

1 Sverre Fehn, quoted in *Architecture & Urbanism*, January, 1999, p.45

左下图 粗糙抹面的混凝土走道与新屋顶的木梁形成鲜明的对比。

右下图 谷仓下完全架立在考古发掘现场上方的柱子支撑着中世纪画廊的走道。

底部左图 博物馆民族志展厅的展品范围包括从挪威纺织品到犁的展品。

底部右图 瓶子陈列在窗口凹槽中的钢支架上，支架由纤细的钢杆支撑。

项　目：德国建筑博物馆（Deutsches Architekturmuseum）

设计师：奥斯瓦尔德·马蒂亚斯·翁格尔斯
　　　　（Oswald Mathias Ungers）

地　点：法兰克福，德国

时　间：1979—1984 年

上图　博物馆建造
的原型建筑或象征
性的原始避难所。

左图　新博物馆坐
落在现有的别墅
内。崭新的一层楼
高的红砂岩柱廊将
博物馆包围，代表
了建筑的新用途。

背景

这个项目是法兰克福河畔南部一系列河畔文化景点的总体规划的一部分。其中包括黑尔格·波菲尔（Helge Bofinger）的德国电影博物馆（the Deutsches Filmmuseum）和理查德·迈耶（Richard Meier）的应用艺术博物馆（Museum of Applied Arts），这两个项目都充分利用了现有建筑。到 20 世纪 80 年代末，开放了 12 个新博物馆。

建筑博物馆的主楼建造于 1901 年，是一幢比例优美的四层豪宅，它位于瑞士街（Schweizerstrasse）和博物馆街（Schaumainkai）的交界处。这座建筑已经空置了很多年。别墅现有的楼板荷载并不适合新建筑使用，所以内部被拆除，建筑结构重组，只留下外壳象征其曾经的用途。

理念

将新博物馆设置在法兰克福郊区的一座别墅中，表明了 20 世纪 80 年代初欧洲对待遗产、现有的建成环境和现代设计的新态度。这座建筑博物馆的设计将始终确保每个观点、姿态和行为将最大限度地审视制作空间的重要性和象征意义。

翁格尔斯的设计使用了大量建构形式。他将所有的空间干预协调成一个理想的"立方体"；以三维模数化形式控制所有内部元件的组织和尺度。翁格尔斯对建筑的再利用创造了一个隐喻的城市：外部被一面红色砂岩的新"城墙"包裹，而城墙的后部是封闭的内院，一棵伫立在场地中心的板栗树，不受阻碍地穿过屋顶生长，使庭院与自然相连。

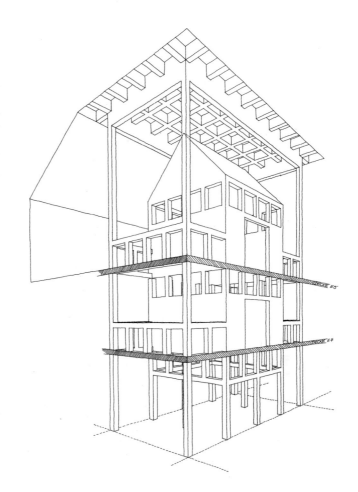

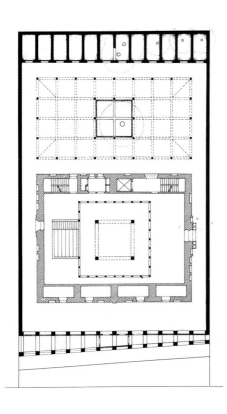

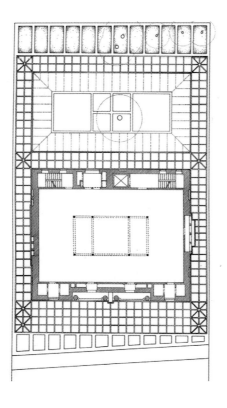

最左侧图 房中房的概念在底层平面图中是显而易见的。

左图 严格的正交几何在 4 级的规划中是显而易见的。"家"在中心，而树在院子里。

上图 博物馆中心的房子的生成草图。

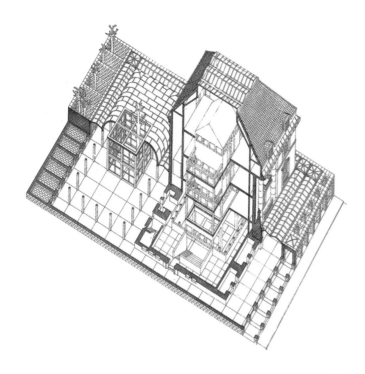

在建筑的中心是建成环境的原型：房子。建筑被包裹在抽象的盒子里，在房子里又放了一个房子。有了这个"盒中盒"的对策，翁格尔斯建立了建筑空间的原型——原始的小屋或由四根柱子支起一个屋顶的避难所。博物馆的中心是一个内部空间，整个建成环境都源自此处。

组织

最里面的房间被一个金属花丝格子框架包围着；这是由结构框架形成的房间包围。下一层外壳是现有别墅的内墙，它在这里成为了外墙。房间互相穿插，提供了内部和外部之间连续变化的三维体验。[1]

别墅由博物馆街进入。一座新的砂岩基座围绕在它周围——一层高的拱廊绕其一圈，并把建筑物展示在自己的明亮的红色基座上。一层高的底座将建筑围合起来，并占满场地，使其前部为一排柱廊，后部为一层画廊空间。将以前在建筑物外部的东西回收，增强了内部和外部空间的模糊感。

立方体的模数化系统影响了空间组织的所有方面。柱廊、庭院、通道和房间的比例和尺寸，以及房子的比例和尺寸都源自于施加在建筑物上的网格系统。在博物馆内部核心，微型房子被设置成一个5层高的空间，通过顶部天窗采光。建筑的每一层都包含了展览空间，地下室设有报告厅，顶层设有办公室。这种简单的分布方式掩盖了复杂的内部游览流线，进而模糊了内部空间和外部空间之间的界限。

细部

屋中屋的主题伴随着从外部到内部的游览过程。新基座的外壳是一个厚重的、粗面墙壁，墙上设有壁龛、底座、凸窗和孔洞——象征着城墙。现有别墅的墙壁十分厚重，但它的外形仍然包含了柱子、窗户和壁柱。在内部，模数化框架是一个精致的石头和石膏形成的网架。庭院是砖和石头的网格，树位于它的中心。内部房间是精致的细工石和镶嵌玻璃的金属制品结构。从粗糙石材的外部到精细工艺的内部，这种材料精细化的过程象征着游客进入这个空间的旅程。自然光从屋顶上倾泻而下，5层的原型小屋沐浴在阳光下：这是博物馆精心塑造的建筑形象。

1 O.M. Ungers, *Die Thematisierung der Architektur* ('The Thematization of Architecture'), cited in *Architectural Review*, August 1984, p.32

顶图 博物馆的剖切轴测图显示了从柱廊到后院的不同楼层的建筑游览流线。

上图 施加在建筑物上的网格系统影响了从空间的比例及尺寸到照明及家具等。

对页上图 顶部照明的柱廊室内，柱廊环绕着建筑物的底层。

对页下图 内院中心的树使内部空间的环境质量得到了巨大的提升。

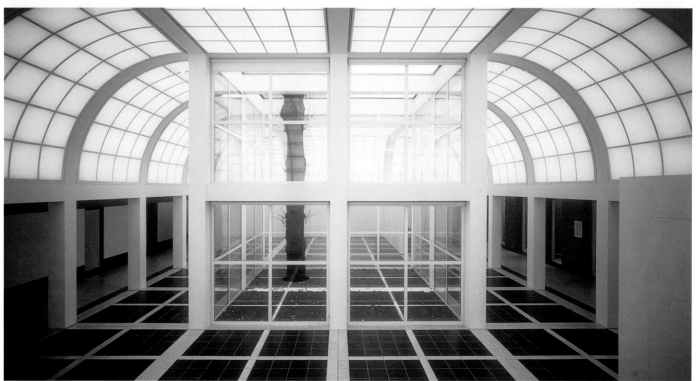

项　目：毕加索博物馆（Picasso Museum）
设计师：罗兰·西莫奈（Roland Simounet）
地　点：巴黎，法国
时　间：1976—1985 年

上图　主楼梯的顶部是博物馆的第一个房间（左），收藏了毕加索的蓝色时期（1901—1904 年）的作品。

左图　优雅的巴洛克盐酒店（Baroque Hotel Salé）的中央大门入口与前门对齐。

背景

Aubert de Fontenay 酒店由吉恩·包希尔（Jean Bouhir）建于 1656—1659 年。它以盐酒店（Hotel Salé）而著称，因为它是用其所有者收集的盐税收入建成的。优雅的巴洛克式联排住宅（townhouse）分布在四层楼，拥有独特石雕以及部分 18 世纪装饰的楼梯，在法国大革命（French Revolution）期间和之后都被用作各种各样的用途。它自 20 世纪 70 年代以来一直被空置。

1974 年，根据"以捐代税"（dation）法律规定，法国政府从毕加索的继承人手中获得了大量他的作品，用以代替遗产税。盐酒店被当时的文化部长和博物馆馆长主持选中成为新博物馆，他们认为，毕加索总是用老房子作为工作室，而将他的作品安置在这里是非常合适的。

1976 年举办了内部竞赛，四位设计师——罗兰·西莫奈，让·蒙格，罗兰·卡斯特罗和卡洛·斯卡帕受邀为新博物馆提供设计方案。西莫奈赢得了竞赛，只有他提倡保留现有建筑全貌，不在庭院或花园中作任何加建。

理念

历史建筑、工业建筑和废弃的公共建筑为那些能够理解他们的设计师提供了极好的机会。[1]

西莫奈的中标方案精心地改造建筑，以适应新藏品的需求。其中有几个关键要求：展览必须基于线性序列，并且避免"假体"展览系统，但是展览设备必须能够在保证不变动结构的情况下每五至十年改良一次。尽可能地使用自然光，展示空间需要有不同规模，并能持续使用。西莫奈对现有建筑的理解解决了所有这些要求。他观察发现，150 年来的生长、演变和衰败使得这座建筑的空间组织已经不再清晰了，因此它不仅能够容纳 300 幅画、3000 张绘图和 46 座雕塑，而且可以形成一条富有逻辑的空间流线。

右上图 保留了入口大厅雄伟的原始主楼梯，用以引导游客上楼开始参观博物馆的旅程。

右图 顶部照明的雕塑庭院被安置在庭院北侧的一个老马厩区域。

组织

博物馆的主要空间从托里尼街（rue de Thorigny）的门楼轴线进入。售票处和书店位于庭院北侧的马厩里。

除了主楼的入口之外，西莫奈重置了内部空间的轴线组织。他将前门对面的底层沙龙的木门换成了玻璃。这个透明的门使访客能够一睹博物馆的最后一个展厅，但人们并不能通过它进入展厅。相反，雄伟的原有楼梯和大厅装饰用于诱导游客上楼开始他们的参观旅程。

展览空间的时间顺序从楼梯顶部的第一个展厅开始。这里收录了毕加索蓝色时期（Blue Period）（约1901~1904年）的作品。通过西侧的三个展厅俯瞰花园，收录的作品时期在1901~1924年。一个个展厅通过一个雕刻华丽的18世纪木质门道的轴线相连。最后一个展厅中有一个楼梯，通往底层的玻璃屋顶的雕塑庭院，与马厩相连。这个庭院通往收藏了1930~1947年间的作品的

地下室。一个现有的服务楼梯将访客送回到地面和最后的展厅，藏有直到毕加索1973年去世的作品。这些被安置在进入博物馆看到的玻璃门后面的展厅中。一个小侧门通向走廊，主门通向庭院。

左下图 一层平面图
1 1901~1904 年
2 1910~1924 年
3 1925~1929 年
4 下楼楼梯

底部左图 地下室平面图
1 1930~1944 年
2 上至一层的楼梯

右下图 剖面图

底部右图 底层平面图
1 内院
2 通往一层的楼梯
3 上楼楼梯
4 观看最后一个展示的玻璃所在之处
5 雕塑庭院
6 最后的展厅

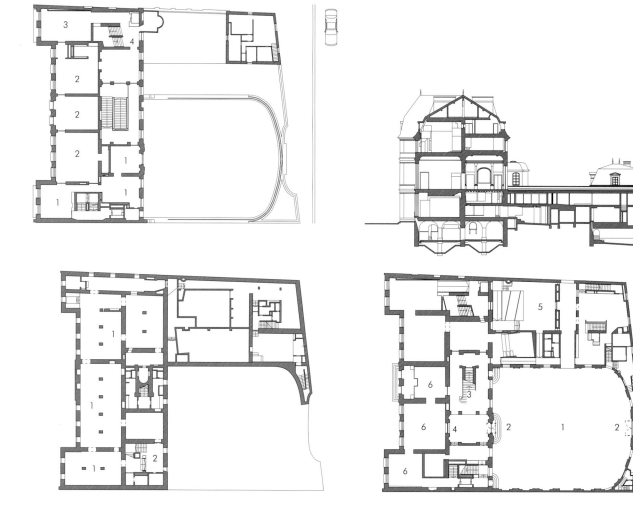

细部

一旦开始组织内部交通流，西莫奈就将展厅作为一个个连贯的叙事对象。首先，任何历史性的细节或装饰都被保留。墙壁和顶棚涂成白色。随后西莫奈提出了一种立体派（Cubist-inspired）的建筑内部语言，将每个房间的墙壁、地板和顶棚衍生成与之相对立的独立衬里，用来展示和保护收集的对象。这种将一系列表皮分别插入每个房间的方式使西莫奈得以开发出一套完整但是可以在不改变构造的情况下做出变化的展览系统。嵌入的展示柜被放置在墙壁的角落，将视线吸引到展品上，同时鼓励人们在展厅中穿行。绘画和草图被设置在墙壁的壁龛中，其中布置了隐藏的人工照明，用于补充从窗户进入的阳光。顶棚和墙壁上更大的切割和壁龛实现了整体的照明方案。就连博物馆平时的安全和环境控制设备也被小心翼翼地安放到房间的隐墙中。地毯的布置与展厅边缘还有一段距离，暗示游客与墙上展品之间的界限，免于拉起一条安全绳。

立体主义语言贯穿了整座博物馆，创造性地融合了视线、活动和对象之间的特质。

1 Philippe Robert, 'Architecture as a Palimpsest', in *Adaptations: New Uses For Old Buildings*, Princeton Architectural Press, 1989, p.11

右上图 施工期间的一楼展厅。房间门和木制品被拆除整修。

右图 毕加索作品的立体主义的几何语言影响了展示对象的壁龛策略。

最右侧图 即使在地下室，展示策略仍使对象看起来是与建筑物一体的，它们也能在不改动空间结构的情况下做出调整。

项　　目：国家美术馆（Galleria Nazionale）
设计师：圭多·康纳利（Guido Canali）
地　　点：帕尔马，意大利
时　　间：1977—1987 年

上图 木制的法尔内塞剧场（Farnese amphitheatre）内的参观起点和终点都是通过一条钢木做成的道路通往舞台。

左图 从镇上看到的庞大的皮诺塔宫（Palazzo della Pilotta）建筑群景象。

背景

帕尔马国立美术馆是建造在 17 世纪由帕尔马公爵一世拉努乔·法尔内塞（Ranuccio I Farnese Duke of Parma）建造的皮洛塔宫内部。这座宫殿建造之初内设公爵的兵营、马厩和干草棚。宫殿内部有两个广场，而且在宫殿前方 200 米（660 步）处就是帕尔马河。在 1618 年，其中的兵营用木材和灰泥改建成了法尔内塞剧场。在 18 世纪，拿破仑拆除了老宫殿，修建了圣彼得马尔蒂雷教堂。1944 年该剧场遭受了美国战斗机的轰炸被摧毁。

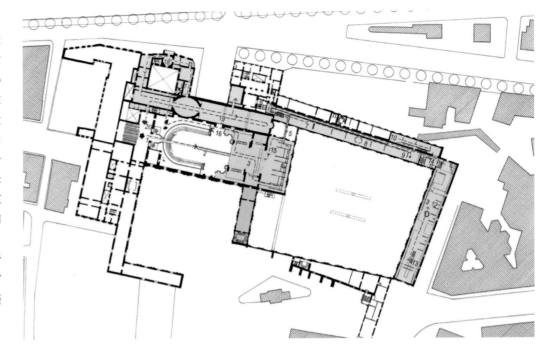

上图 内部流线首先是通过马蹄形的观众席，穿过舞台和后台，沿着翼厅进入后方的马厩，再回到最开始的地方。

下图 博物馆内马厩的一个角落里特别摆放了长钢梁支撑的雕塑，形成了局部两层高的空间。

右图 建筑的轴测图反映了该建筑空间内游客进去和出来的流线。

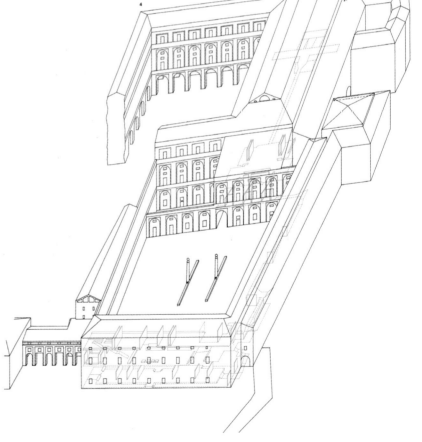

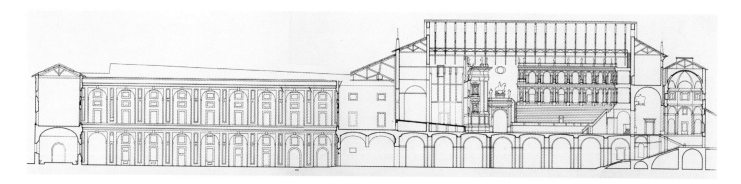

上图　建筑纵向剖面显示了穿过剧场和西翼到达后方马厩的流线。

最左侧图　后台区域上方抬高的通道一侧的雕塑似乎随意地陈列在旧包装箱里。

左图　通过后台区域之后，在进入长翼之前，道路将人们引入两层楼高的桥面上。

就像国立美术馆和重建的剧院一样，皮洛塔宫内部现在也设置了许多重要的机构，例如波多尼印刷博物馆（Bodoni Museum of Printing）、国家古物博物馆（National Museum of Antiquities）和巴拉丁图书馆（Palatine Liabary）。国立美术馆最初用于法尔内家族收藏大量珍贵的画作和雕塑。

理念

博物馆空间包括三个大型的彼此毫无联系的建筑：法尔内剧场，100米长的西翼和马厩前方形成北部庭院的区域。康纳利的解决方法是用一条单独的流线来连接这三个不同的空间——一条连续的通道能够使游客游览博物馆的时候不重复。

康纳利用了10余年才完成博物馆内部的重新改造。在对这个古老建筑的改造过程中他解决了各种各样的问题。首先需要解决的是回归最原始的需求，将建筑内军队设置的多余附加物全部拆除，并加固建筑结构、屋顶和建筑内墙。在

设计时也加入了考古发现。"

组织

康纳利决定将博物馆的参观起始和结束点设在改建的法尔内剧场内。这个选址便于到达建筑南端的石梯入口。因此这个木制的马蹄形建筑成为了博物馆参观路线中戏剧性的出入口，而为了加强参观的戏剧性，康纳利在这个剧场中间新建了一个通往舞台的细长钢制坡道，通过这个拱形的舞台台口便开启了参观旅程，观众和

演员的角色此时变得模糊。

一条抬高的通道穿过了巨大的后台空间，它通往舞台的侧方。然后向西通往窄长的西翼。一些内置雕塑的包装箱可能会不时打断参观旅程，这些雕塑的展示方式有些随意，似乎刚刚被解包。通往西翼的一座桥阻止了右急转的可能，从而不能一眼望穿一条100米（330英尺）长的走廊。在旅程的终点，一部楼梯引导参观者右转进入北翼，并进入老马厩的底层空间。

最左侧图 横纵排列的结构框架支撑起了马厩区域，雕塑和绘画也是陈列于框架体系中。

最左下图 可调的网格状钢梁支撑起了博物馆的楼层和墙体（上图）。下面通道被分为两个标高，左边抬高的通道是通往起点的（下图）。

左图 后台的底层走道给了游客一个更加自由的观赏绘画的空间。

左下图 后部的新结构形式完全独立于其下部马厩底层不结实的拱形屋顶之上。

下图 参观的最终部分是返回剧场，首先是经过舞台下面，然后再进入剧场大厅。

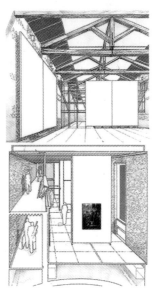

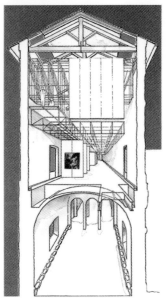

细部

康纳利使用了一种临时的框架结构来代替不结实的墙和顶棚，马厩暴露的楼板展示了弧形屋顶和巧妙的砌体风井系统，有利于马厩下方的通风和马食的储藏。穿过博物馆的上层走廊时，可以俯视之前经过的画廊。最后旅客通过后台区域的底层，经过舞台下方到达最开始进入旅馆的舞台左侧，从而完成了整个参观过程，期间未曾重复参观流线。

在处理皮洛塔（Pilotta）的考古项目时，康纳利对古老结构抱着质疑和尊敬的态度。古老建筑的几何性隐藏在灵活多变的新室内空间中。[1]

法尔内塞剧场和它的西翼很难从根本上进行改造，因为其历史重要性（剧场）及其不同寻常的尺度。然而马厩却可以明显改造，而不会削减它的历史价值和考古价值。康纳利在屋面上使用了一个可调的框架，用这个结构固定屋顶和墙以及

绘画和雕塑。在必要的时候，这个系统还能在固定某些物体的时候充当新的造型元素。这个新的框架成品也用于后台抬高的由木材和钢柱组成的临时走道区域。结构周围的拉杆使人将舞台和飞行塔联系在了一起。西翼采用了更加坚固的砂岩层，抛光墙面和优质的钢彩板，使之更加突出现有建筑的粗糙砖石，整个建筑使用的材料都是为了更好地区分新建筑与建筑的历史肌理。

1 Jeanne Marie Teutonico, 'Pristine Intervention', *Progressive Architecture*, April 1988, p.124

项　目：大演化馆（Grande Galerie de l'Évolution）

设计师：保罗·舍梅托夫（Paul Chemetov）和博尔哈·胡依多博
（Borja Huidobro）；雷内·阿利奥（René Allio）（灯光及音
响设计）；罗伯托·贝纳文特（Roberto Benavente）（陈列
橱窗和展览布置）

地　点：巴黎，法国

时　间：1994 年

顶图　一列动物漫
步在一片充满隐喻
性的地面"大草
原"上，向来到这
个博物馆的游客打
招呼。

左图　设计师在检
查关于这个空间布
局的模型。

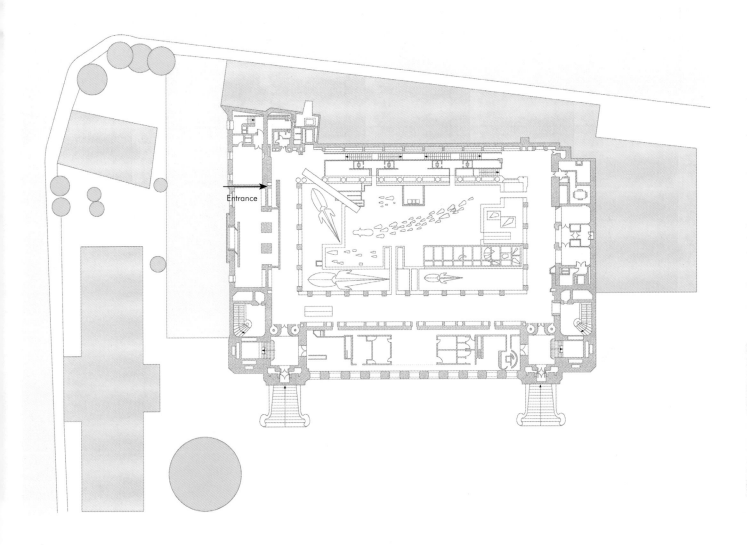

Entrance

背景

随着卢浮宫和奥赛博物馆的改建，将自然历史博物馆改造为大演化馆，是密特朗总统的大型工程计划项目之一。最早的建筑是由朱尔斯·安德烈设计，1889 年开放。建筑的入口是面向巴黎植物园的宏大的门廊。它的内部由三层大厅和玻璃天窗组成，细长的铸铁柱支撑着一系列的画廊。

主楼自 1965 年以来一直空置，但是重建之后，它的人气飙升。这座建筑在 2010 年的 11 月迎来了它的第 1000 万个参观者。

理念

我们的目的并非将这座建筑作为珍贵的古董加以保护，我们在承认它过去的同时，也试图去改变它，打破新与旧之间的边界。[1]

现有优雅空间和有限预算促使设计师为这个新的画廊发挥了极大的想象力。这个具有教育使命的新展览空间同时也要求它成为一个能够捕获年轻人想象力的画廊。实现这一目标的途径源自广泛收集到的标本和一座壮观的主体建筑。

设计师选择利用大厅的趣味性，把它作为一个寓言式的场所。第一层变成了一个象征性的"大草原"（'savannah'），横跨这个水平面的动物排列成一条长长的队伍，跨过地面蜿蜒前行。平面下方的大海里有很多鱼、鲨鱼甚至鲸鱼，令人难以置信地紧靠着蓝光屏幕陈列。生活在陆地和海洋的动物被放置在喷砂玻璃的浮板上，模拟它们漫步的冰原。鸟类和其他飞行生物被安排在了楼上的画廊里，攀爬类的动物安装在栏杆上，似乎要爬上大厅的墙面。

上图 即使相邻的花园关闭，不仅博物馆会持续开放，而且新画廊的轴向入口可以强化底层景观的戏剧效果，以吸引访客进入空间。

组织

博物馆的一侧开了一个新入口。这使得博物馆与街道联系更紧密,并允许博物馆在花园关闭后保持开放。它也使规模宏大的中央大厅更为壮观,使游客进入轴线当中。

永久展厅空间里展示了1000种无脊椎动物,450种鸟类,350种哺乳类动物和100种鱼类,两栖类和爬行类动物;这些仅仅是总收藏的一小部分。教育、行政和辅助空间,如咖啡馆、书店和保存区都位于建筑的边缘,从而可以获得自然采光。

虽然游客可以自由地在陈列馆里游览,但设计师设想的穿越空间的最佳途径并非遵循进化论的时间顺序,游客可以乘电梯或楼梯上到顶层一览"全景"(landscape),如同鸟儿一样从天空向下俯瞰。通过画廊一侧向下进入大草原的过程就像是人类从树上下至地面。最后,在地下室的海洋生物区,即路线的结尾处,诠释了人类是从海洋生物演化而来的全新理论。

细节

自然历史博物馆往往与尘土堆积的文物和泛黄的标签联系在一起。这个画廊旨在展示音乐、电影、灯光和音响所能激发出的想象力并把展览带入到生活中。

灯光和音响的设计用于完成三项任务:强调展品的科学性,提供如物种名称之类的信息,突出贯穿建筑的交通流线。庞大的物种陈列数量意味着需要11000处点光源。现有的陈列柜在整修期间进行了调整以适应集成的光纤照明系统。遮蔽的玻璃屋顶辅以人工照明用于丰富空间。

空间的声学经过精心设计。设计的声音区域可以在每天不同的时间段播放出雨声、风声和鸟鸣声。为了避免干扰,游客在接近特定标本的时候会听到特定的声音;当他们离开的时候,取而代之的又将是自然环境的背景声。

设计中尽可能对画廊局部一侧进行保留和恢复。之前的飞鸟廊是一个窄长且两层高的走廊并毗邻主厅。其室内设计典雅,在底层和顶层画廊的两侧墙面均饰以精美的木制展示柜,顶部为拱形天花。原始陈列柜被修复并重复利用,用于展示某个印象深刻的已灭绝生物展品——讽刺性的是博物馆一度也趋于这种状态。画廊格外黑暗,明亮耀眼的LED灯突出展示了动物标本。空间氛围虔诚而又阴郁,尤其是当游客意识到这个画廊里充满了已经从地球上消失的动物时。

1 Paul Chemetov, quoted in *Architecture Intérieure – Créé*, June 1994, p.35

最左侧图 展柜分组陈列的诸如蝴蝶之类的颜色艳丽的小型动物展品。

左图 自然环境体现于展览策略当中。例如，地下室是海洋，首层是土地。

最左侧图 精心控制的灯光充分展示了展品的魅力。

左图 之前的飞鸟廊（Galerie des Oiseaux）氛围阴郁，展示已灭绝的动物。

项　目：远大志向展示区（Great Expectations）
设计师：罗杰·曼（Roger Mann）
　　　　黛娜·卡森（Dinah Casson）
　　　　克雷格·莱利（Craig Riley）
地　点：纽约，美国
时　间：2001 年

上图　天蓬上下折叠，就像漂浮在半空中的桌布，将展示桌一分为二。

左图　往返者可以在凸起的天蓬下面穿过展示桌。

背景

2001年通过设计委员会的委托，为时长一个月的展会"英国在纽约"（'UKinNY'）而设计的，远大志向展示区旨在展示当代英国最好的设计。包含了100件来自于广泛的创新性学科中的展品，如家具和平面设计。卡森·曼（Casson Mann）负责选择，管理以及项目的安装。

这个项目被安置在纽约中央火车站（New York's Grand Central Station）的雄伟的范德比特大厅（Vanderbilt Hall）内四周。（1913站属于范德比特家族，有12000平方米/129000平方英尺的大厅，相邻的房间都是以他们的名字命名。）这个卓越的空间有16米高，内贴'田纳西粉'（Tennessee Pink）大理石。五盏大的金色的枝形吊灯悬挂在细节丰富的天花板下面，照亮它。每天大约有50万上下班人次通过站点。

理念

完美的宴会厅设计，按照国际上公认的供交流和商务之用的空间形式。[1]

用安装来描述临时居住空间是一种策略。一栋建筑或许会用来容纳一个短期的展示功能。这种方法的时间维度，意味着现有的结构是相对不变的，没有永恒的改变。展览会结束后所作的任何修改均予以改正。

远大志向展示区将会在大厅里展示一个月。它的目的是放慢节奏，吸引经过车站繁忙的上下班人员的目光。它同时也设计成可以激发对展示物品的反馈。卡森曼将一张可自立的大桌子放置在空间的中央，在桌子的边缘松散的排列椅子和展品，这样就可以开始一个非正式对话，并且反过来会激发更新在英国设计的兴趣。

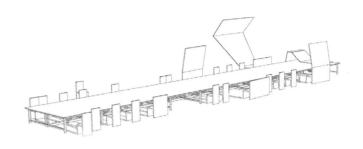

上图 非正式的座位与天蓬的轴侧图示。　　下图 一台电脑在大厅的桌子上展示。

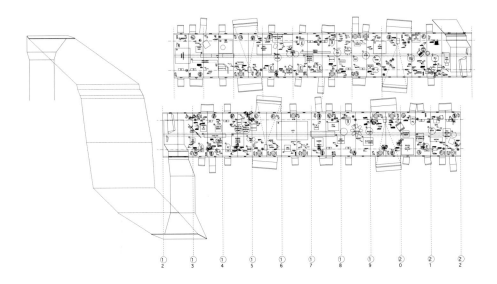

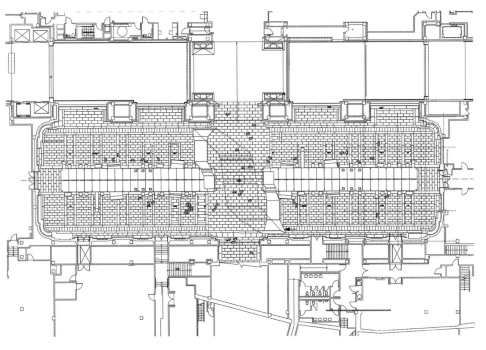

组织

    该项目由 60 米（200 英尺）长的富有光感的箱子构成，好似一个放置在大厅轴线上举行宴会的桌子。它被分为两部分，目的是不阻碍社交活动的通畅和保证人群能够快速通过。桌子的间隔称为天蓬，天蓬从光箱的顶部折叠延伸至两个桌子间通道的顶部。天蓬被做成桌布的造型，当人们快速穿过大厅时，产生的气流使它向上飘动。项目主题远大志向就映射在天蓬折叠的表面上，走过那的人们能很直观地看到。

    100 件展品都摆放在桌子上像不同食材的菜品从精美的菜单绘制，展品规模不等，从一把椅子、一个骑自行车，到一张专辑封面上的图形，将它们放置在一个静态的底座上，将展品统一呈现给公众，并赋予一个连续的阐述。无论产品的大小或形状，每一个展览都被认为是最好的英国创意产品。

上图 桌子在大厅内的平面图。   **顶图** 桌子物品展示平面图。

细部

为了突出展览的出色品质，将大厅的照明改变，大厅内的大窗户被涂黑。安装有色灯为大理石墙壁打上颜色，突出精致的色彩和纹理。为了展示一些在空间的产生的奇异的东西，将面对第42街的窗户也被点亮。桌子在色彩鲜艳的房间里散发出一层白光。为了营造出晚餐后的气氛，形成欢乐的非正式的聊天与交流，设计师在桌子周围配置的椅子被松散的放置在产品面前。为了刺激谈话，展品都附有设计过程的视听描述。设计过程在桌面上的显示屏播出，椅子上隐匿着扬声器，向在座的客人的耳朵里灌输设计的创新和卓越的信息，让他们理解展览的特点。

一个月后，桌子被拆除，灯光恢复到正常的颜色，大厅又回到原来的状态，就好像桌子从来没有出现过一样。

1 Roger Mann, quoted in *Frame*, January/ February 2002, p.12

左上图 灯箱桌面与大厅内的粉色大理石墙面以及地板形成了强烈的对比。

上图 宽大的充满灯光的展示桌将不同的展品统一起来。

项　目：英国流行乐展览（British Music Experience）

设计师：兰德设计工作室（Land Design Studio）

地　点：伦敦，英国

时　间：2009 年

上图　被 12 根圆柱环绕的中央空间所构成的"核心"。

左图　位于伦敦市东南部格林尼治半岛（Greenwich Peninsula）上的千年穹顶。

背景

千年穹顶（Millennium Dome）建造于格林尼治半岛（Greenwich Peninsula）废弃的荒地上。正好本初子午线（Prime Meridian）即经线穿过此处。从空中俯视，它就像一个由12根100米（328英尺）高的黄色柱子支撑起的365米（1198英尺）宽的穹顶。52米（170英尺）高的屋顶象征着一年中的每一个星期。千年穹顶最初被用来举办了一年的展览，这个展览由14个区域组成，每个区域都以人类存在的各种元素命名，如信仰、工作、身体、心灵、休息和游戏等。"千禧体验展"（Millennium Experience）只开放了一年时间，之后穹顶成为O₂，即O₂体育场（O₂ Arena）——一个大型多功能场所。英国流行乐展览（BME）是一个映射了60年来英国流行音乐的展览。这些展示的音乐都是在大不列颠群岛上创作的，或者是国际艺术家在英国找到了他们灵感或观众而创作的。展览于2009年3月开幕，位于O₂的上部楼层。

理念

它是一种综合的、概念上的英国流行音乐维基百科史，是一种转换形态的多维互动形式，迪士尼未来世界的短途旅行就是通过全面消化Q杂志的每一个问题和不少魔术式的思想进行设计的。[1]

观众与展示对象的关系是展示设计的一个重要考虑因素。近年来，这方面不再需要较多的指令而是更多地参与。这种演变是通过互动展览的展示方法以达到身临其境的效果。互动展览自20世纪60年代初以来一直被采用，目的是为了吸引喜欢互动的游客参与其中，而不仅仅是在观察。这种设计想法是博物馆或展览体验不再需要说教的引导方式，而是结合复杂的数字设备和软件进行的演变。游客也不仅仅是满足于观看，而是希望通过与参观对象进行互动、体验，以自己独特的方式来接触从而理解它们。

英国流行乐展览是一个令人兴奋的、互动的百科全书般音乐环境的空间体现。预计每年游客数量将达到数十万。因此，将复杂的空间结构建立成一个具有展览逻辑的、明确路线的模型是非常重要的。由于具体对象的集合还没有建立，所以以展览过程的方案和编译都是从零开始。展览的出口区域还必须能够满足举办300人参与的企业活动的需求。这些复杂而又严苛的要求使得设计人员必须设计出一个自由流动的机制，设计人员将一个5分钟的序列号输入其中，使得能够通过中心枢纽连接一切。

左图 一系列精心安排的连续的空间和展品，用来控制预期而来的、复杂的、如潮汐般流动的游客。

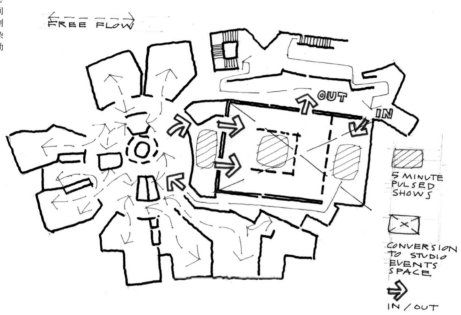

左图 通过入口和展前区域，游客进入核心区。七个边缘区域沿中央结构呈扇行排列。

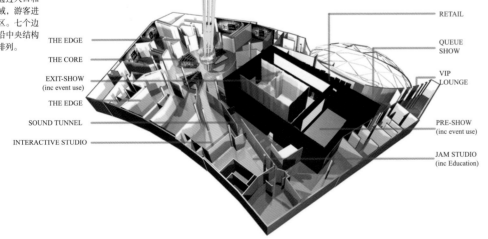

上图　边缘区代表（从上到下）1960年代，1970年代和1990年代。

对页图　展览包括人们可以通过互联网和自己的智能卡重温的互动显示屏。它在一个沉浸式的现场表演中达到了高潮，游览期间著名的音乐会被投影到游客周围的大屏幕上。

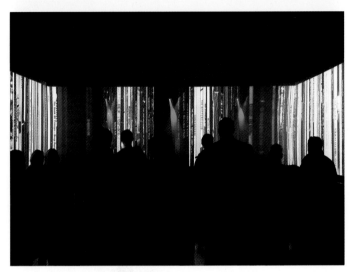

组织

英国流行乐展览厅在圆顶的上层安置了一个不规则形状的空间。游客必须通过楼梯和电梯才能到达或离开那里。这需要对依靠经验得到的入口和出口序列，以及访问者期望在其中花费的时间进行详细的编排。通过一场细致而被倡导的展览会得出结论：人均访问时间约为 90 分钟。这个时间是在事件，活动和展览的组合内排序的——该序列，将允许大量的游客轻松和舒适地通过该空间。

每小时有 500 名带着智能定时票的游客进入该空间。可以在展览厅周围的许多传感器上点击，访问者可以建立一个自己喜欢的时刻的个人存档。这些存档可以稍后通过网站访问。游客从入口处直行通过声音隧道进入核心。这是一个大型的中央空间，它围绕着氧气房（O_2）的 12 个黄色结构柱组织而成，这些结构柱已经融入到室内设计中。核心包含了一系列互动展览，展示艺术家的背景和语境化英国音乐。

成扇形散开的七个房间，被称为"边缘区"。他们按时间顺序从 1945 年到现在，并包含着"时间轴"展览如吉他和每个时代的明星穿的衣服。还有一些互动元素，如"圆桌会谈"（Table Talk），主持人对明星的采访。展览中心的最后一个空间包括一个重放着过去 60 年来的标志性音乐会的沉浸式的电影放映厅和一个互动工作室，游客可以在这里演奏乐器，接收来自当下明星的视频教程。

细部

室内空间被包含在被穹顶内部所遮蔽的大而暗的盒子之中。多种空间的形成是由于盒子内的细分。根据剧场式和沉浸式布景经验，室内墙面的设计是为确保照明和投影在最佳条件下显示。互动家具都是耐磨的。房间如果发生嘈杂的事件或者音乐制作的互动演播室里的声音都被很好地隔绝开，避免了任何声音传递。

1 Paul Morley, *Observer Music Monthly*, March 2009

一个时代在历史长河中的准确定位，可以通过对它不引人注目的表象进行分析而得到。凭借着表象无意识的自然表达，可得出最直接的物质基本状态。[1]

1985 年，克里斯·罗杰克（Chris Rojek）在发表的《资本主义和休闲理论》（Capitalism and Leisure Theory）中定义了当代休闲空间的四个关键特征和空间类型。[2] 首先，他认为休闲空间更应像个家而非公共领域，它必须给人安全感并保护个人隐私。其次，休闲空间理应是个性化的，所以它必须为用户提供可供挑选的活动选项。再者，休闲空间应该是一个包含品牌、食品、旅游和广告的商业化行业。最后，罗杰克认为现在的休闲方式比以前更加规范和正规，换句话说，就是更加 "平和"（'pacified'），它通常涉及一些需要去学习、练习和掌握的活动，例如说舞蹈，学习烹饪和发明新的菜肴等。罗杰克认为，休闲模式已

随着工作模式一起，变得多种多样和更加丰富多彩。由于大家的时间变得紧凑和间断，特别是在工作繁忙、工作模式不固定的工业化地区，休闲方式也应适应性地变化。无论进行何种休闲活动，它何种空间中进行往往才是最重要的。能让使用者放心使用的空间通常既有一个安全的环境，同时又能扮演一个休闲提醒者和促进者的角色。

在《牛津英语词典》（Oxford English Dictionary）中，休闲被定义为 "自由或选择性地去做某事"。[3] 它的词根源于 leisir（法语）和 licere（拉丁语），分别是自由和允许的意思。因此自由和获得自由的权利才是休闲的核心。通常来说，鼓励和促进休闲的空间往往与比较放松的形式有关，它一般涉及社交、饮食和饮酒文化。后来，"休闲" 被描述为花费时间在各种环境中去追寻相关的需求，例如用于购物和

娱乐的品牌店与主题空间。无论选择何种休闲方式，这些空间和时间必定提供自由和机会让人们乐享其中。在现有建筑内创建休闲空间以提供多种空间体验，可以使建筑室内空间配置更加均衡。当活动被安置在与之前功能相互背离的建筑内时，空间将呈现完全不同的氛围。现有建筑的内在价值和更广阔的文化景观为设计者提供了可行对策的不同方法。这篇引言将介绍创新休闲空间发展的一般模式。

咖啡馆和酒吧

社会学家将 17 世纪的咖啡馆定义为现代公共场所的发源地之一。它是一个任何社会背景的人们都可以出入会面且不受约束进行社会活动的空间。室内的组织和形式，以及它的空间布局都是相对直接的。从根本上来讲，它通常包括两类空间：服务区和消费区。服务区包括柜台、服务

第 5 章　休闲空间

对页图（168页图）作为现代公共领域的先例之一，维也纳咖啡吧对城市生活起着至关重要的作用。

上图　利物浦的爱乐酒店。中央吧台为各种客房提供服务，每间客房都吸引了各种不同的客户。

上图　黎明宫咖啡吧里模拟着舞者动作的动态形状和表面处理。

台、吧台、存储区以及可能需要的准备区域。消费者区域则包括座位和饮食的场所。

随着咖啡馆的普及，它的设计要求也变得更加复杂，它对于城市商业的重要性也在增加。在非工作日，维也纳咖啡吧（The Viennese Kaffeehaus）在城市的组织方面发挥了核心的作用，它不仅提供了社交和饮酒的空间，而且还提供了其他各种类型的场所——私人场所——公共场所——为了方便商业会议和交易而连接的各种服务房间；例如电话间等。因为咖啡吧成为了城市公共活动和私人生活的中心，所以它增加了其他的功能：如游戏室（包括台球，多米诺骨牌和牌桌），女士盥洗室，甚至是保龄球馆。咖啡吧提供了早餐，早茶和下午茶以及晚上的社交活动，这确保它在城市居民的休闲活动和商务洽谈时间中发挥着核心的作用。

19世纪后期，英国出现了维多利亚酒店和"酒吧"（'pub'），它们遵循了咖啡馆的一些理念和组织原则。就像一个微型城市一样，酒吧的房间反映出了城市居民各种需求：这里有许多可以通往公共吧台、大厅、吸烟室或"新闻"房的入口，所有的这些房间通常由一个中央圆形吧台提供服务，这个空间装置将所有的房间连接在了一起。利物浦（Liverpool）的爱乐酒店（Philharmonic Hotel）的内部围绕着一个可以提供台球室、吸烟室、休息室和新闻室的中央放射形吧台布置。它的室内设计是非常前卫的，它标志了一个时代，即酒吧和咖啡吧的设计目标是为了吸引客户。

创新的布局与特殊的装饰处理的结合表明了酿造商和建筑师试图让酒吧室内设计得更像一个绅士俱乐部，而非十九世纪的豪华大酒店。[4]

20世纪初，现代室内装饰的"流动"（'fluid'）理念的代表作是法国斯特拉斯堡（Strasbourg）的黎明宫（Aubette）休闲中心为例。特奥·范·杜斯堡（Theo van Doesburg），汉斯·阿尔普（Hans Arp）和苏菲·托伊伯·阿尔普（Sophie Taeuber-Arp）接到委托设计一个娱乐中心，它包括可以进行各种娱乐休闲活动的房间，这些活动例如舞蹈，餐饮，电影和音乐等——它位于一座19世纪的兵营建筑里，它曾被烧毁并重建。新的室内空间是动态的和丰富多彩的。这是由覆盖墙壁、地板和顶棚的几何表皮图案来实现的。图案设计模拟出了充满活力的舞蹈形式的室内空间，并且色彩平面似乎在房间内无限地延展开来。座位和柜台的正交排列使得室内组织更加直接。尽管设计的目标是为了表达现代生活在形式和色彩上的活力，但斯特拉斯堡公民仍发现了新的室内装饰令人不安——空间的真实尺寸由于墙壁、地板和顶棚上对角排列的色彩平面而被混淆。1928年开业后，它的室内装饰被彻底改变；10年后，整个室内装饰被彻底替换，没有留下任何标志性的空间。

主题环境

后现代主义培育出了一种必然分散的城市肌理概念，"重写"（'palimpsest'）过去的形式与当前使用的拼贴可能存在短暂的重叠。[5]

不久以前，休闲环境要用更加精致的方法吸引特定的客户群体。20世纪80年代初，后现代主义的城市结构设计囊括了乡土传统、历史形式、折中风格以及景观空间等策略，从中可以看到环境模型的发展。重新设计现有空间时，以往和现在大都倾向于景观设计，这是因为它吸引人的特性是短暂的，所以它并不总是符合传统的结构要求。在特定主题的环境中，对现有的建筑外

壳的新的室内进行的处理可能会稍显刻意，它通常会与建筑外墙和建筑文脉并置，并且把城市当作玩物一般，重新组合，重新制造并重复使用以获得景观效果。

在20世纪80年代的远东地区（Far East），为了体现出这个城市的景观，许多新的设计工作表达出了要重新组合现有的美学、理念和语言来形成新的事物的愿景。1986年，设计师奈杰尔·科茨（Nigel Coates）介绍了一个他在日本的项目：

咖啡邦戈（Caffe Bongo）坐落于东京最繁华的十字街口，它运用引人注目的流行经典拼贴形成了一个戏剧化的入口。符合古罗马审美需求的皮拉内西式的咖啡馆机翼厅（the cafes aircraft–wing–meets–Piranesian–Rome aesthetic）超越了音乐和时尚界的词汇，体现出了20世纪末的基本设计潮流。[6]

一个飞机机翼彻底改造了毫不起眼的塔楼底层，这个机翼被放入建筑内部并以洛可可

风格的室内装饰所终结。项目设置的品质意味着它可以在不损害现有建筑结构完整性的情况下被移除。这种奇特的超现实的室内设计，是以环境为主题来设计的先驱——一个用来表现出其他地方外观的空间设计。主题环境崇尚以元素并置来创造出超现实的梦幻般的风景，它的外观往往相当具有欺骗性。

现代娱乐和休闲设施通常位于城市的外围，它利用场景效果和舞台设置去营造出一种有利于暂停现实的氛围，即使这个暂停仅仅就是那么一瞬间。英国曼彻斯特的印花厂（Printworks）被认为是城市娱乐的中心，它是一个集电影院、购物、体育、饮食和社交活动为一体的场所。印花厂位于一个冗余的印刷厂的裸露外壳中，毗邻罗马城（Urbis）展览中心——这两座建筑都是1996年爱尔兰（IRA）共和军轰炸之后的城市再生的一部分。印花厂是围绕一条内部街

道组建的，它的设计看起来像一个配有走道和起重机的纽约大道。它还包括一个安置在新地板上的旧的铁路转盘——残旧印染厂内的一条内部铁路。到了晚上这条街上充满了狂欢者，他们冒险的横穿大街，随机抽样般的光顾着位于这条街上的；例如胭脂（Rouge）咖啡馆和拉面道（Wagamama）饭店这样的20多个酒吧和饭店。印花厂的概念是一个不拘一格的折中形式与其他地点的空间和时间的重写。

左上图　咖啡邦戈向城市展示着自己一个似乎是撞上了建筑物低层的巨大的机翼式的外观。

上图　飞机机翼由钢柱支撑，它终止于洛可可风格的室内装饰，成为了一个遮蔽桌椅的遮篷。

下图　印花厂的室内，它曾是曼彻斯特中心的老印刷厂，现在它包含着一条新的被认为是具有来自世界各个地方的部分城市碎片拼贴而成的内部街道。

最左图 香港的国泰航空豪华休息室展示了，机场等旅游中心是如何成为世界各地休闲空间的延伸的。

左图 伦敦的汉姆皮尔酒店的门厅是由五个露台的底层形成的。这个空间为来自世界各地的疲惫旅客提供了一个轻松的目的地。

目的地

旅游作为人类循环消费，商品流通的一种副产品，从根本上看无非将要变得平庸。[7]

旅游业和成本效益越来越高的旅行方式已经影响了休闲空间的新形态。随着旅游业的发展，交通枢纽和酒店需要提供的不仅仅是一种运输方式或者是一张床了。在21世纪，许多机场、火车站和其他交通枢纽已经转型，这使得游客可以花费更多的闲暇时间在日益丰富的环境和更广泛的设施上面。

现在用于购物，饮食和社交的空间与关于旅行的空间几乎一样多。约翰·帕森（John Pawson）在香港国际机场设计的国泰航空（Cathay Pacific）贵宾室与五星级酒店一样的豪华。

关键是保留景观视野——福斯特的建筑不论是外面的飞机还是飞机的外景——同时创造出庇护的飞地用来喝酒，用餐、工作、洗澡或者放松。蚀刻过的玻璃屏幕保护了隐私，同时又完全不会阻隔通高的休息室下方的视野。水——特别是水中光线的效果——烘托出了静谧的氛围。[8]

酒店经常被描述为，旅行者经过长途跋涉所到达的一个充满了家庭氛围的目的地。伦敦的汉姆皮尔酒店（Hempel Hotel）由五座拥有格鲁吉亚露台的联排别墅组成。门厅是一个大而开放的空间——从房子的低层嵌入一个空间，创造出一个简约的、抽象的立方体，那里看不出任何以前阳台小房子的痕迹。作为目的地，它的品质是值得赞扬的：

大气蓬勃的中庭大堂——一整天都充斥着光与影的变换——波特兰石地板和凹陷的休息区与印尼牛车表，两个温暖地发光的壁炉。这是一个放松的地方。当代世界音乐创造了一种宁静的氛围，而香味蜡烛则令人感官愉悦。楼上，每间客房、套房和私人公寓都反映着我们没有奢华设施的简约风格特色。[9]

纵观历史，现有建筑室内休闲空间的发展需要结合场景，创造出一个新的表皮作为使用的背景。一个现有建筑的新的室内装饰设计，旨在鼓励使用由房间、家具和墙面所组成的内衬。本章的案例研究提供了休闲空间和它的配套设施不断演变的案例。

1 Siegfried Kracauer, *The Mass Ornament: Weimar Essays*, translated by Thomas Y. Levin, Harvard University Press, 1995, p.75

2 Chris Rojek, *Capitalism and Leisure Theory*, Tavistock Publications, 1985

3 C.T. Onions *et al.* (editors), *Shorter Oxford English Dictionary on Historical Principles*, third edition, Oxford University Press, 1972

4 Christopher Woodward, *Cafés and Bars: The Architecture of Public Display*, Routledge, 2007, p.126

5 David Harvey, *The Condition of Postmodernity*, Blackwell Publishing, 1990, p.66

6 Nigel Coates website: www.nigelcoates. com/project/caffe_bongo

7 Guy Debord, *Society of the Spectacle*, Black & Red, 1983, p.168

8 John Pawson website: www.johnpawson. com/architecture/commercial/ cathaypacificlounges

9 Hempel Hotel website: www.the-hempel. co.uk

项　目：柳树茶室（Willow Tea Rooms）

设计师：查尔斯·雷尼·麦金托什（Charles Rennie Mackintosh）
　　　　和玛格丽特·麦克唐纳德·麦金托什（Margaret
　　　　MacDonald Mackintosh）

地　点：格拉斯哥（Glasgow），英国

时　间：1904 年

上图　柳树茶室第一层的豪华
沙龙及女性专区。起伏的房间
顶部使用了含铅镜玻璃，椅子
上镶嵌着银紫色的玻璃。

左图　茶室呈现出的纯白色立
面，使得它在整个街道上脱颖
而出。

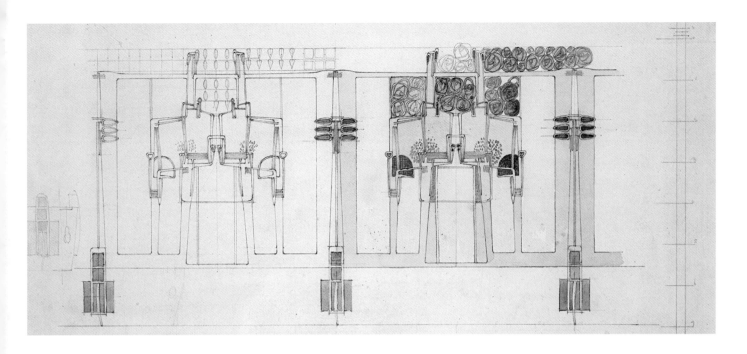

背景

　　柳树茶室位于格拉斯哥市中心的苏式赫尔街（Sauchiehall Street）217号。建筑最初是一栋四层公寓。受到客户和使用者，凯瑟琳·克兰斯顿（Catherine Cranston）的委托，麦金托什改造了原有建筑和相邻建筑的一层。他（麦金托什）对建筑的立面和内部进行了改建，并在原有建筑中加建了双层通高的沙龙。这是麦金托什为克兰斯顿设计的第四个也是最后一个茶室。最近茶室部分的整修，使它又回到了最初设计时的模样。

理念

　　克兰斯顿（Cranston）小姐在苏式赫尔街（Sauchiehall Street）开张的新茶坊，设计创意达到了登峰造极的地步。她的建筑一层的"豪华沙龙"是装潢和装饰艺术的一个奇迹。[1]

　　通常提到的"克兰斯顿的茶坊"，苏式赫尔街（Sauchiehall Street）的茶室是克兰斯顿作为麦金托什的主要客户，在20多年的一系列设计委托合作中，最后的也是最优雅的代表。为了照应她弟弟的茶叶进口生意，也抱着品酒室可以以不同的、更吸引人的方式呈现的理念，克兰斯顿在格拉斯哥建立了一系列茶室连锁店。19世纪后期由于禁酒运动，茶馆大行其道，因为它成为了酒精的替代品，缓解了人们漫长劳累的一天。在盖尔语（Gaelic）中"苏式赫尔"（Sauchiehall）的意思是小巷中的柳树。它不仅仅是给茶室提供了一个名字，还被应用为内部设计的循环母题。柳树茶坊的设计迎合了格拉斯哥社会的各个层面，它包括商务餐厅、台球和吸烟室，还有一个女士可以避开他们监护人一段时间的女性专区。选择苏式赫尔街是因为街上新开的时尚百货商店，以及满足了新中产阶级消费他们的业余收入和闲暇时间的需求。

顶图　为前厅顶部设计的石膏浮雕饰带。设计的出发点是一颗抽象的柳树。

上图　豪华沙龙的前门。

组织

基地中包含现有的四层楼的地下室。麦金托什增加了后部双层通高的扩展，同时延伸了地下室空间。他在立面上营造出了一个大的商店橱窗，它几乎占满了整个建筑宽度。橱窗上下两部分都采用小格彩釉玻璃。综上所述，在一层的茶室里，一扇宽敞的、明亮的、微微弯曲的窗户被镶嵌在建筑立面上。一楼的窗边设立了一个新的出入口，整个立面呈现出白色灰泥材质，以确保它和周围的建筑区分开。麦金托什在一楼布置了三个茶室，一个在前厅，一个在后室，一个在画廊上。前楼的第一层是豪华沙龙，主要是女性专区，吸烟区和台球室则位于第二和第三层。

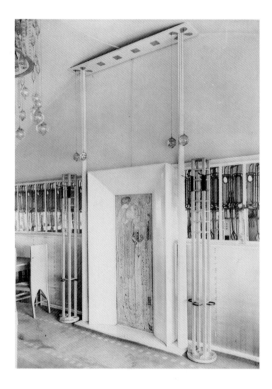

左图 豪华沙龙中装裱的由格丽特·麦克唐纳根据罗塞蒂（Rossetti）的诗绘制出的画。

左图 正立面的大橱窗将前室沙龙照得通亮。

细部

麦金托什的妻子、画家玛格丽特·麦克唐纳德，为她丈夫的这个项目做了大量的工作，尤其是在豪华沙龙（或者，它被当天的记者贴上了"观察房间"的标签）的设计上。一楼带窗的沙龙可以俯视苏式赫尔街（Sauchiehall Street）。这个房间是茶室内部最有价值的。墙面由银色和紫色的丝绸覆盖、嵌板，拉伸和缝合呈现串珠状。上述的面板使用了含铅镜玻璃片。靠墙的固定沙发是紫色的丝绸的垫子，排列在中心空间的松散的、高靠背的椅子；则采用银色，而他们的靠背上镶嵌着紫色的玻璃。

拱形的顶棚上悬挂着一个精心制作的吊灯，它由球状的、椭圆形的、水滴状的半宝石玻璃组成，反射着房间的光线。镶嵌在墙里的石膏和石膏板画由麦克唐纳根据罗塞蒂（Rossetti）的诗"啊，叶，叶子散落在微露伍德大街上"（O Ye, All Ye that Walk in Willow Wood）绘制。一楼的前室被漆成了明亮的白色。空间中唯一的色彩是紫色的室内装饰和深色的橡木梯靠背椅。壁炉和入口之间的位置是一个橡木框架，每一个铁笼灯下面都有两张桌子。这个框架支撑着一个大的管子从里面悬挂着的玻璃碗，每一个大碗里都有一朵长茎的花。5.5米（18英尺）高的房间的上部空间由一些白色的，包含柳树风格，柳叶母体的镶板突显出来。

相较于明亮而又通风的前室，拥有染色木材板和深色梯背椅的退格沙龙则是阴暗和低矮的。在沙龙的上面，夹层画廊上设计了一系列支撑屋顶的结构柱。楼层的横梁横跨了整个沙龙，保持了底层清晰的结构。光亮的夹层空间被漆成了白色与深色低矮的沙龙相映生辉。

1 Author unknown, *Glasgow Evening News*, 29 October 1903, p.7; cited in Alan Crawford, *Charles Rennie Mackintosh*, Thames and Hudson, 1995, p.70

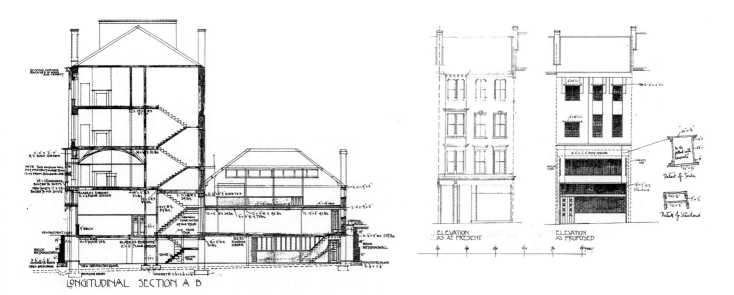

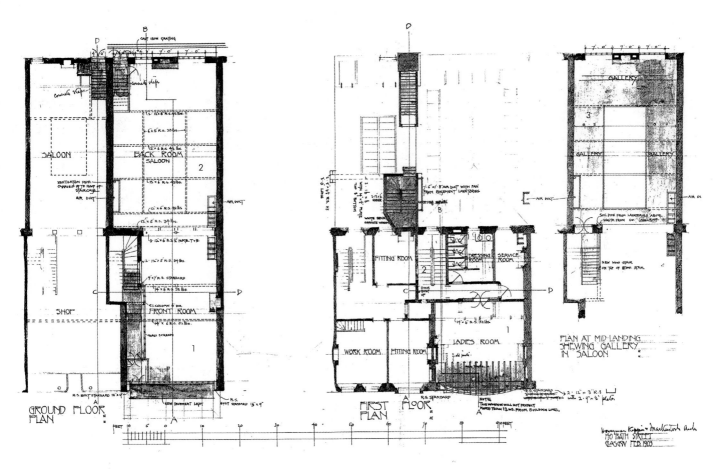

顶部左图 茶室的
纵剖面，右侧两层
通高。

顶部右图 左侧的
现有的正立面开了
新的洞口，呈现出
白色。

左下图 底层平面
1 前室（两层通高）
2 沙龙

右下图 一层平面
1 豪华沙龙
2 楼梯
3 夹层画廊

项　目：美国酒吧（American Bar）

设计师：阿道夫·路斯（Adolf Loos）

地　点：维也纳，奥地利

时　间：1908 年

上图　用帘子把酒吧深深的入口门槛与街道相隔离，增加了室内和室外之间的距离感。

左图　花哨的背光马赛克标志以尖锐和笨拙的角度倾斜向路人。四根大理石柱构成了门和窗户的框架。

左图 紧凑的、高度秩序的房间下半部分与永无止境的、暧昧的反射镜像的房间上半部分的鲜明对比。

背景

通常被称为克恩顿酒吧（Kärntner Bar）的它位于与其名字相同的街道上，这个项目与路斯（Loos）所发表的颇具争议性的文章《装饰与罪恶》同年问世。因为年轻的路斯曾在美国呆过三年，所以他与设计委员会共有一个理念；这个酒吧要向经常去维也纳咖啡馆的阶层展现出了美国式饮酒方式；比如说喝鸡尾酒。

酒吧安静的坐落在维也纳中央大教堂广场和斯蒂芬广场（Stephansplatz）附近的商业街上。这个拥有一个小地下室的一层酒吧，以毫不起眼的建筑体块占据了街道标高。它用花哨的背光马赛克标志突然的、笨拙的倾斜向商业步行街的方式，来向街道表达着自己。

理念

路斯所创造的空间往往展现出他不屈的性格。他一生不停地在报纸和杂志上发表文章，内容涉及绅士的帽子和管道。他文学作品中表达的思想，往往是他的建筑和室内所呈现的主题。特别是路斯提出的由复杂的空间分类和便捷的材质使用的空间体量设计 Raumplan（空间设计）理念。室内空间体量设计（Raumplan）的对象往往是复杂的内部实体。他们的特点是呈现出一系列的不同层次的，复杂的循环模式和许多种居住者与空间相互融合的观点。房间空间的形成并不需要精心制作的材质。

美国酒吧呈现出了一些空间体量设计的主题。酒吧里的高级材质被（设计师）娴熟运用，如大理石、玛瑙、桃花心木、黄铜、皮革和镜子等，所有的材质都展现了他们的自然状态。路斯嘲笑装饰就像一个覆盖在原材料性能上的面具，它迫使着材质说谎话。美国酒吧亲密的氛围，部分原因是由于它的体量非常小，上层檐壁折断后安装了一个反射着酒吧空间序列影像的镜墙。一直显现着大理石顶棚倒影的镜子与拘束的、束缚的、低矮的空间形成了对比。

美国国旗外部标志上的突显是一种姿态，路斯从对过去装饰的眷恋和对未来的渴望中看到了奥地利解放的希望，就像路斯所认为的美国那样。

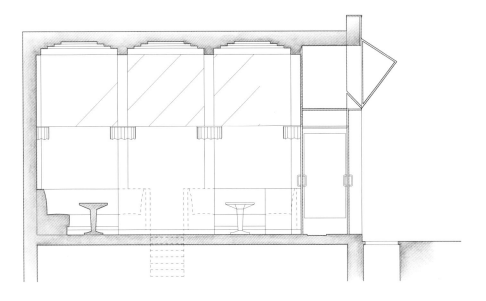

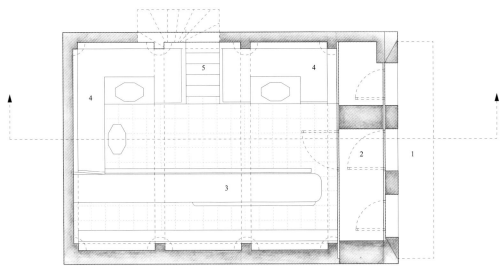

顶图 剖面。高的顶棚与一直映射着空间的上层带状镜面形成的对比，营造出小酒吧亲密的氛围

上图 由一个长吧台和一些长条形座椅构成的空间。楼梯通向地下室的厕所。主入口处深深门槛，扮演着衣帽间以及城市和酒吧的缓冲区的角色。
1 主入口
2 衣帽间
3 吧台
4 长条座椅
5 通往地下室卫生间 / 办公室的楼梯

组织

酒吧设计是在一个只有 6.15 米 × 4.45 米（20 英尺 2 英寸 × 14 英尺）尺寸的限定空间内进行的。最初预计场地只供男士使用，但是由于酒吧的流行；这个设想很快就改变了。酒吧室内和室外的外部对比是十分明显的。炫目的外立面是由四根黄色的基罗斯（Skyros）大理石柱组成的框架，再搭配上两个玻璃窗和玻璃中央门。门和窗户上的帘子，遮蔽了内心好奇的路人。1 米（3 英尺）进深的室内门槛被当作室内与室外空间的缓冲区，同时它还兼任着衣帽间，它补充着这隐蔽入口的序列。尽管空间非常有限，路斯认为入口的压缩和随后的减缓事实上是一种穿越，它十分的重要，应放在室内。

从酒吧房间正面到背面的这段长度，被设定了刚刚超过 1 米（约 3 英尺）的高差，所以，它就像一个美国酒吧那样，你可以很自然的站在那里。对面的长条的、低矮的座位，被两个通往地下室厕所的楼梯分开。座位前面固定着由磨砂玻璃覆盖的三菱形表，这些就构成了房间的简单排列。

细部

简而言之，克恩顿酒吧（Kärntner Bar）在光的欺骗性与技术的确定性这两个极端中巧妙的游走。[1]

精准的图案造就了昏暗和内部的氛围。格子的地砖，镶嵌着玛瑙的门厅上方板和由大理石壁柱所支撑的优雅的方格大理石顶棚将房间分成了三个区域。房间的墙壁上都镶着与入口等高的红木板，吧台背后留出了一条直线的空间，这是为了摆放房间里装着玻璃杯和酒瓶的酒架。酒吧的装饰风格被与墙板颜色相同的深色红木奠定。在处理一个限定空间时，引入了一个颇具欺骗性的、水平放置在墙壁上方的镜子，大理石顶棚一直倒映在它上面。尽管酒吧十分的整洁，但它内部的结构技术却让人无法确定。这就是这两个极端理念在室内所营造出的张力。

还有一件让人意味深长的事情就是路斯在酒吧里放了一张他的诗人朋友，彼得·艾腾贝格（Peter Altenberg）的肖像画，他的诗歌以严谨的结构著称，与当时浮躁华丽的文风格格不入。

上图　大理石顶棚一直倒映在条形的镜子上。

1 Benedetto Gravagnuolo, *Adolf Loos: Theory and Works*, Idea Books, 1982, p.117

项　目：庄园夜总会（Haçienda）

设计师：本·凯利（Ben Kelly）

地　点：曼彻斯特，英国

时　间：1982 年

上图　主要空间包含交通护柱围绕的舞池。

左图和下图　庄园夜总会正面朴素的卷帘门和嵌入砖墙的铭牌是俱乐部在这存在仅有的提示。

背景

庄园夜总会在曼彻斯特中心惠特沃思街西（Whitworth Street West）一个大仓库基础上建成，客户是独立唱片公司工厂唱片（Factory Records）和他们的代表乐队之一，新秩序乐团（New Order）

运河边上破旧的仓库是一个以前的游艇展示厅，它包括两个共同连接的单元：一个海绵状顶棚的仓库和提供沿街面的一座四层高的建筑。

理念

此设计旨在对建筑本质上的直接反应，我们从未试图去降低它的规模或比例，而是去提高和利用它，一个正式的"迪斯科"（disco）环境是不成问题的……最令人难忘的时刻最终拉开序幕，整个意图变得明朗，没有标榜，没有慌乱，没有诱惑，正如预期。

利用现有建筑需要设计师识别基地内已存在的事物，这是使他们能够对一个地方做出判断并强化或处理现存事物的过程。庄园夜总会的设计就是发现和回应现有建筑已经提供的事物，然后通过附加的内部需求突出这些品质的过程。设计这种建筑类型的策略要求具有灵活性，因为现有建筑的改造表明接受新的功能只是建筑使用期限的一部分。庄园夜总会的设计师充分理解到这一点，作为回应，设计师创造了一个允许业主和用户能通过临时装置和照明设施很大程度上改变内部气氛的空间。活动的范围从游泳池到游乐场，雕塑，甚至拥有一个带有空中飞人的马戏团，所有这些都在主要的空间内。

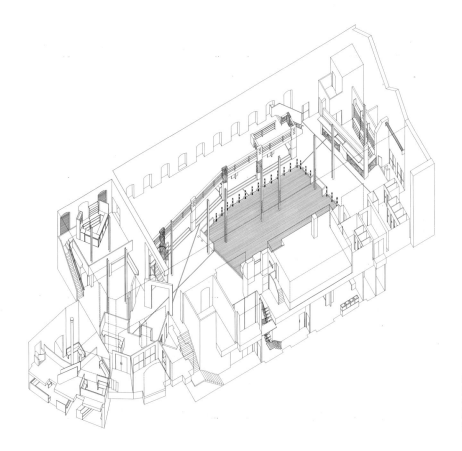

左图 轴测图展示的是带有舞池和包含入口正面的四层砖石建筑的主要空间。

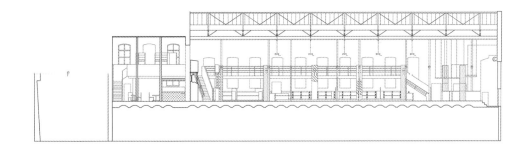

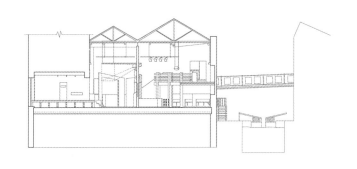

上图 通过空间的纵向剖面显露出上部的阳台和酒吧，以及下方的杠杆舞池和右边的酒吧。

左图 横向剖面看向正门，舞台在左边。

组织

为一个开放的概念设计——"在地下室有大酒吧、小酒吧、食物、舞台、舞池、阳台和一个鸡尾酒吧"——本·凯利期望实现一个能与工厂唱片的身份等同的创新和开拓性空间。客户的神秘性始于前门，俱乐部仅能见到的标志是一块印有银叶和红色珐琅名字的小的花岗石铭牌，它被安置在镀锌钢卷门旁边的砖墙上。设计师很好地意识到内部俱乐部成员的活动范围，从前门到舞池，从酒吧到餐厅和从阳台到地下室鸡尾酒吧，他们因此精心设计了内部，使这个流线能容纳一系列不同的环境，一系列不同的内部"空间"（'rooms'）。就像室内的排列组合，每个界限都被标记并且通过其空间和材料的质量来加以区分。

低矮的金属入口门厅，其中设有售票处，首先映入眼帘的是顶棚下宽敞的空间和舞池。交界处用拱门划分，包裹着的工业塑料板以至于消除了俱乐部的声音，并且在俱乐部成员穿过时使他们的头发竖起。散步于内，沿着边上有交通护柱的舞池，经过由柱子支撑的阳台，是为了在位于主房间的远端的酒吧喝上一杯。一个由抽象的"毁坏的"（'ruined'）古典砌块和钢架拱构成的楼梯使得上到阳台的旅程更加壮阔，这个高度提供了一个穿越舞池以及进入能够俯瞰入口大厅的酒吧的视野。去往地下的同性恋叛逆者（Gay Traitor）酒吧意味着一场通过俱乐部，回到大厅，然后沿着狭窄的楼梯经过一个荫蔽平台到一个完全不同夜间气氛空间的旅程。

细部

内部将投入与仓库工业质量相联系的剧烈测试，因此对选定的空间美感造成了影响，选择的一系列坚固的材料用以加强内部空间体验的拼贴效果，这些包括了一些"现成的"（off-the-peg'）发现了的能够增加空间的城市质量的材料和物体。交通护柱，猫的眼睛，彩绘的人字形和危险条纹，画在建筑物的钢架和舞池的边缘，坚定地将它们放在内部的环境中示意着城市的"发现"（found）美学。

橡胶地板，穿孔板钢，道格拉斯（Douglas）冷杉板和阿尔瓦·阿尔托（Alvar Aalto）凳，所有这些都被安置在一个漆着鸽蓝色颜色的内部空间，达到所需要的效果。

1 Sandra Douglas, quoted in Catherine McDermott (editor), *Plans and Elevations: Ben Kelly Design*, Architecture Design and Technology, 1990

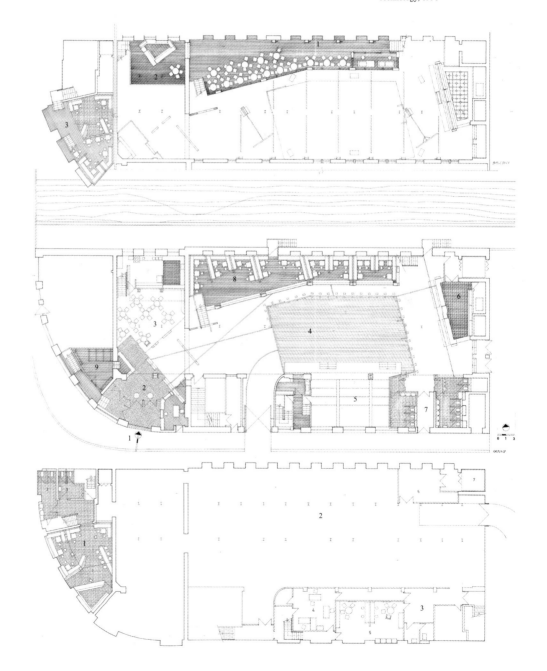

对页上图 位于上层夹层的一个酒吧和座位提供了良好的视野以及能感受到从舞池下的疯狂活动的喘息
1 夹层
2 酒吧
3 地下室酒吧之前的低层平台

对页中图 俱乐部内部是基于一系列的空间组成，以通过舞池到主厅尽头的酒吧这段旅程作为结束。
1 入口
2 售票处和门厅
3 咖啡厅和餐厅
4 舞池
5 舞台
6 酒吧
7 卫生间
8 座位
9 往地下室的楼梯

对页底图 地下同性恋者酒吧占据了地下室的最末端
1 同性恋叛逆者酒吧
2 地下室
3 后台和更衣室

顶部左图 从正门到舞池是让俱乐部成员通过一个充满塑料板的混凝土框架的旅程

顶部中图 金属入口门厅与工厂唱片目录号的庄园夜总会'51'（fac 51）切割门

顶部右图 在主要空间远端的酒吧

左上图 引导前往阳台和上层酒吧的一个"毁坏的"古典的拱框架的楼梯

中上图 材料强烈的颜色——钢，橡胶和混凝土——包括阿尔瓦·阿尔托凳，暴露的道格拉斯冷杉板和霓虹灯

右上图 地下的同性恋酒吧被照亮的有种独特的气氛，并被提供了一个不同寻常的机会摆脱上层舞池的噪音。

项　目：美伦大酒店（Royalton Hotel）

设计师：菲利普·斯达克（Philippe Starck）；格鲁泽·萨姆森·斯坦格拉斯（Gruzen Samton Steinglass）[执行建筑师（Executive architects）]

地　点：纽约市，纽约州，美国

时　间：1988 年

上图　悠长而引人注目的走道需要客人们在空间内漫步，直到他们到达接待处

左图　一道崭新的亮红色的大门，精美的灯光和身着制服的服务员是面向街道宣示这是新酒店仅有的元素

背景

位于纽约曼哈顿44街第44号的皇家酒店是娱乐企业家和酒店开发商伊恩·斯格拉格(Ian Schrager)，斯蒂夫·鲁贝尔(Steve Rubell)和菲利普(Philip Pilevsky)的第二个项目。第一个项目是哈德森酒店(Hudson Hotel)，该项目包含一个由安德烈·普特曼(Andrée Putman)设计的一个朴素雅致的内部空间。对于这第二个项目，设计师决定让自己放松下来并且设计一个吸引时尚的纽约人和精明的世界旅行鉴赏家作为会议地点的酒店。

建筑师罗斯特和赖特将最初的1897建筑设计成专为单身汉使用的住宅酒店。这座12层高的建筑在每层楼板的两端设有公寓，中间的服务用房朝向中央的采光井。自20世纪30年代以来，酒店已经降级到一个二流酒店，直到1985年开发商买下了这座废弃的建筑。

上图 犀牛角形的玻璃烛台柔和地照亮弧形的红木——钢墙引导客人到接待处

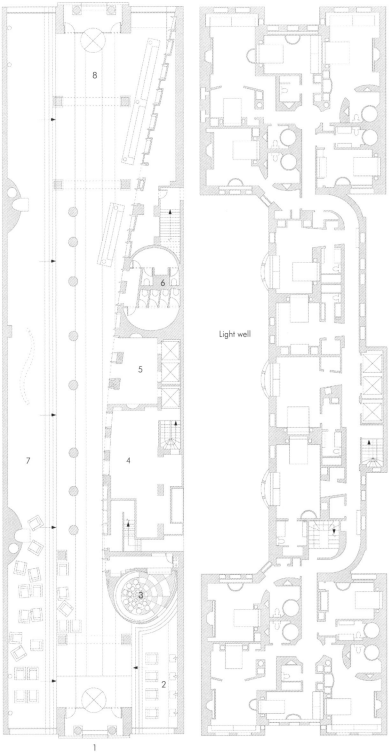

右图 首层平面图
1 入口
2 图书馆
3 酒吧
4 接待处
5 电梯
6 卫生间
7 下沉的休息室
8 餐厅

最右侧图 酒店的指示性平面图。空间是根据现有结构的需要和最大的自然采光需求精心设计的

Light well

理念

让我们开始记住为什么斯塔克为皇家酒店的设计是如此伟大，很难理解它在1988年的影响，至少对于世界各地旅行的20多岁的年轻人（像我一样）是他们的目标市场。我们对检查酒店感到无聊，看起来它们好像是为我们的（伟大的）父母而被设计出来的，但是这无可替代。直到伊恩·斯格拉格和已故的斯蒂夫·鲁贝尔通过运行70年代的纽约夜总会Studio54使他们名声大噪，并且委托斯塔克重新设计位于曼哈顿中心城区19世纪中叶的那座廉价的酒店。

皇家酒店和大堂旨在成为其邻居阿冈昆（Algonquin）的现代革新，像20世纪20年代在马路上举行过声名狼藉的圆桌会议一样，它也举办了一个时尚并且臭名昭著的国际社会的聚会。斯格拉格，鲁贝尔和Pilevsky设想酒店大堂作为20世纪70年代迪斯科和80年代餐厅的主要社交场所，在看到一些斯塔克的浴室装修设计后，斯格拉格印象深刻进而委任他提供豪华的当代室内装饰的设计，他们认为客人对此会有需要。内部设计的策略依靠对其顾客的要求的深刻理解以及创造一个他们可以放松的环境的想法，斯塔克本身是一位国际设计名人和巡回旅行者，具有独一无二的项目定位能力进而有能力去实现它。

组织

当你到抵达街上时，"表演"（'performance'）在酒店外面开始。门卫穿着 Mao 夹克衣服——也是由斯塔克设计的——向你打招呼并把你的行李送到你的房间。新的红木门，一排栏杆和奢华的照明是建筑物外部的仅有的改变。外部改造的克制似乎并没有为室内的来访者做好准备。壮观、豪华的大堂就是一个富丽堂皇，引人注目的宣示，所有的装饰都精心组织，所有的服务，包括接待室，卫生间，紧急楼梯和贮藏室，都聚集在现有的电梯核周围并且被隐藏在一个逐渐变细的红木墙后面，这允许大厅的其余部分是开放的设计。55 米（180 英尺）长的大堂被组织成几个不同但重叠的空间，表现为下沉的休息室的形式，从一个下沉的休息室经过门厅的前面直到后面，并延续到空间的尽头，形成一处独立的餐厅。休息室因为一系列夸张的柱子而形成边缘，其中布置着各种斯塔克设计的家具，包括大镜子和一张 6 米（20 英尺）的长桌，目的在于邀请客人组成自己的文学圆桌。前台位于大堂空间的深处，铺有蓝色地毯的时装表演台引导客人通过大堂直接漫步到接待处，一个隐秘的圆形鸡尾酒酒吧由正门入口确定位置，进入并通过前面的图书馆，依靠墙来定位然后由一个不起眼的门口进入，只有那些熟知的人才能够找到。

细节

壮观大气的酒店大堂和朴素优雅的房间形成有趣的对比，所有的 205 间客房包含定制设计的家具和灯具。顶层公寓装饰有红木，灰色地毯和石板壁炉，如果需要，当你回到你的房间时，就会拥有熊熊燃烧的炉火。浴室的设计局限较少，设置有圆形浴缸，镜子淋浴和玻璃顶的化妆台，而不是不能使用的永久艺术品，每个房间都有一个烛台，安放着一张每天更换的明信片。有争议的是，2007 年改建的皇家酒店内部空间已经被彻底改变了。

1 Alice Rawsthorn, 'The Risks of Playing with a Brand's "Look"', *New York Times*, 4 November 2007

对页上图 开放式的大堂是围绕着蓝色地毯上接待的流程组织的。下沉式休息室被特大的柱子形成的交通空间分隔开，意味着步入更低的"空间"（'room'）

对页左下图 奢华的定制家具，由斯塔克设计的照明占据了前厅和下沉的休息室

对页右下图 图书馆由摆满书籍的长桌组成，引导顾客就坐、阅读和交流

左上图 小而贴心的鸡尾酒酒吧的圆形形体是由单色的几何瓷砖地板华丽地装饰着

上图 一个在酒店较高楼层的朴素的客房，大石板壁炉占据着重要地位

项　　目：维也纳应用与当代艺术博物馆咖啡馆（MAK café）
设计师：赫尔曼·捷克（Hermann Czech）
地　　点：维也纳，奥地利
时　　间：1993 年

上图　装饰华丽的高顶棚令人印象深刻，它影响了户外的组织方式和开放式的餐饮空间。

左图　咖啡馆的新入口位于一条连接博物馆和附近艺术学校的通道上。

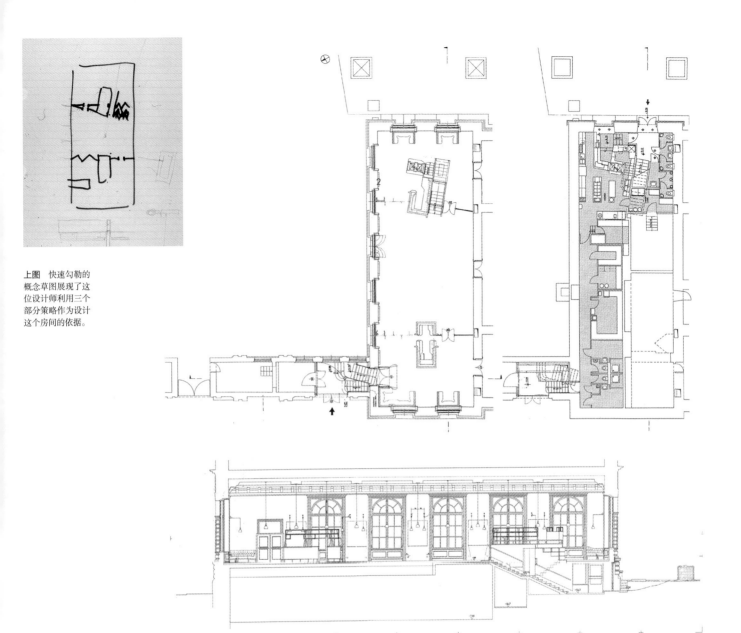

上图 快速勾勒的概念草图展现了这位设计师利用三个部分策略作为设计这个房间的依据。

背景

MAK 咖啡馆是维也纳应用与当代艺术博物馆也称应用艺术博物馆（Museum of Applied Arts）的一部分，这个博物馆位于维也纳的环城大道（Vienna's Ringstrasse）上。咖啡馆被安放在一个很大的空间内，这里曾经是展览馆和博物馆展示空间的一部分。

著名的维也纳建筑师海因里希·冯·费斯特尔（Heinrich von Ferstel）于 1871 年完成了这座博物馆的建造。[他在 1859 年负责了这座城市奥匈帝国国家银行（Austrian-Hungarian National Bank）的建造，以及于 1884 年建成的维也纳大学（the University of Vienna）也是出自他手。] 这栋新文艺复兴的建筑被认为是奥地利对伦敦 1851 年世博会的回应（见 P130），与那座城市的维多利亚和艾伯特博物馆具有相同的价值。奥地利艺术与工业博物馆（The Osterreichischen Museums Fur Kunst Und Industrie）第一次被知晓的时候，他的任务是通过向这个城市的艺术家和工业家呈现精良的设计来展示奥地利工业产品的质量。

顶图 一层平面图（左）和地下室平面图。街道上的入口通往建筑的左侧（箭头所指）。这三个部分的空间是通过两个备餐间的定位组织在一起的。

上图 剖面部分。通往地下室的楼梯在右侧。

理念

一个收藏文物并展示给公众的机构——博物馆总是与它所在的城市密切相关,尽管这种关系的不固定性日益增强,尤其是在数字化不断加强的环境下。被拆除的边界仍能被这座博物馆的建筑材料和周边环境存在的物理差异反映出来。在 1993 年詹姆斯·瓦恩斯(James Wines)进行了 MAK 边界的改造 /SITE 工作室的 Gate to the Ring 工程——建筑的一小部分从开设了新入口的正立面拆除,这个入口从环城大道直通内部书店。

很久之后,詹姆斯·特里尔(James Turrell)的耐用 MAK 轻便装置用淡蓝色的灯光点燃了所有正立面的窗户和门洞,向这座城市宣告着这座博物馆的存在,特别是在晚上的时候。这个项目有着相同的意图:邀请城市进入它的内部。展览馆变成新咖啡馆这一发展将重新建立起这里一个早期内部空间与城市的联系,这个内部空间是博物馆环形展览空间的一部分,而这种联系则是通过创造一个可以在其中吃喝玩乐的公共空间来完成的。

组织

现在的大厅是一个大型的、比例合适的矩形房间,测量可知它宽 10 米(32 英尺),长 30 米(100 英尺)。它的最突出的特点是那个 6 米(20 英尺)高的天花板,这个天花板的下表面是镶着新文艺复兴风格绘画的格子嵌板。这房间内一排排高挑的拱形窗户面冲着前方的环城大道,旁边的庭院和建筑后方的花园。

捷克通过用一条连接博物馆和附近艺术学校的通道给这个咖啡馆在环城大道上开了一个新入口。效仿詹姆斯·瓦恩斯 /SITE 工作室的新书店大门,捷克去掉了通道前面粗琢的基座,也拆除了前面的墙壁。已建成门廊的一系列外观材质把城市街道的气氛和感觉一路延伸至入口的内部。它们包括一个新的多色石材地板,一个类似于用在跨越多瑙河的帝国大桥(the Reichsbrucke)上的那种圆形大灯和一个为参观者反射着这座城市的圆形的大镜子。一组通向咖啡馆的石梯,位于街道标高以上 2 米(6 英尺)处。

细部

咖啡馆内一系列精妙的装置清晰地表达了室内的空间。两个独立的备餐间位于一条尾部扭转了一定角度的轴线上。它们将房间划分为三个相互搭接的空间。这个空间的前面是一个非正式的咖啡馆，后部是一个用餐空间，而中间兼有前面提到的两种功能。一系列可移动的隔墙能够拉到对面并且连接备餐间而在必要的时候它们也可以围合成各自独立的空间。厨房和厕所在地下室，可以通过位于这个空间后方的楼梯到达，另外还有两部服务电梯可以辅助到达。

结果未必是感性的，建筑仍然是它所包含的生活的一种底色，但它是存在的，仿佛就在谈话即将变得无趣或你的思绪动摇时介入：冬天的天空和树木光秃秃的枝杈，反映在黑色的玻璃桌面上，美丽的景色就在你的餐盘之下。[1]

原始的镶花地板和天花板都被清洗和保存了下来。所有的新元素，例如备餐间、家具、照明和空气流动特性，都是经过了仔细审度的，为的是在内部确立起他们自己精妙的设计语汇。这两个备餐间是由枫树制成的。光亮的展示柜被设计在吧台上圆柱形木腿的三脚架上，展示柜上摆放了一些玻璃杯和酒瓶。在房间里，这些高大的标点符号与一系列从天花板垂下来的纤细电缆和配套的一系列照亮下方桌子的螺纹金属吊灯相对应。

无论是前方的咖啡座还是摆满了深色皮质沙发的房间尽头，都位于巨大的窗户前面，在这些位置上可以看到环城大道和后面的庭院；前面的风格类似于一个传统的维也纳咖啡馆。主要的就餐空间中摆放了改良版的经典弯木椅，其最初是由家具制造商托内（Thonet）生产的。捷克通过把靠背向后调节一个更大角度的方式，改造了这种传统的椅子。椅子被镀上一层白色的光泽，但椅子腿的底部还裸露着原始状态下的山毛榉木。在某些位置上，他们会出现一些晃动。表面高度抛光的小圆桌将装饰华丽的天花板毫无保留的反射在了用餐前的桌面上。墙上的一对圆形窗户与入口门廊处的镜子有着相似的比例，他们都为毗邻博物馆展厅和展览品提供了可视点。许多工业细节，例如安装良好的通风口和壁灯的刷钢支架都与这个大房间的宏伟形成一种随意的对照。

1 Ingrid Helsing Almaas, *Vienna: Objects and Rituals*, Ellipsis Publishers, 1997, p.27

左图 悬挂在泛着白色光泽的支架上的螺纹金属吊灯和拉丝金属材质的空气输送管道在淡棕色的隔断屏障和镀上光泽漆的山毛榉材 Thonet 椅之间传递着一种微弱而有说服力的建筑语汇。

上图 桌子高度抛光的黑色玻璃表面反射着天花板和巨大的拱形窗户所透过的咖啡馆四周群树环绕的景色。

项　目：乔治斯餐厅（Georges Restaurant）

设计师：多米尼克・雅各布（Dominique Jakob）和
　　　　布莱登・麦克法兰（Brendan MacFarlane）

地　点：巴黎（Paris），法国（France）

时　间：2000 年

上图　四个由彩色橡胶作为内衬
的有机元素，以某种特定的形状
在餐厅内部突出彰显了它们的
存在。

左图　蓬皮杜中心（The Pompidou
Centre），一个大棚式的文化空
间，将它的大部分服务单元挂在
外面，创造了一个开放灵活的内
部空间。

背景

蓬皮杜中心是20世纪的一个图标，它由理查德·罗杰斯（Richard Rogers）和伦佐·皮亚诺（Renzo Piano）设计的，并于1997年向公众开放。它是以法国总理乔治·让·蓬皮杜（Georges Pompidou）的名字命名的，同时他也是这个建筑的委托设计人。这栋激进的建筑被设计成了普通文化遗址的对立面。然而它对各个年龄段的使用人群来说都是一个开放、灵活、民主的空间并且融为他们的一部分。这导致它在设计本质上是一个七层高的大棚，尽管它的所有服务设备和结构都被放置在建筑物的外面。这使得展览所需的内部空间可以被设计的宽敞，自由和灵活，附带的好处就是可以很容易地更新过时的服务设备。

乔治餐厅位于中心的第六层。餐厅的设计在1997年的一场竞赛中获得了一等奖。它是在这座建筑为期两年的一次翻修中安放进去的，由原来的建筑师之一，伦佐·皮亚诺指导设计。

理念

与一座如此重要和著名的建筑物共同运作要求设计者反复推敲如何才能介入这样一个独特的环境。他们决定，与其强行加入一个纯理论的方案，不如让这座承载着它的建筑根据自己的特性来孕育一个灵感。这座建筑的标志性地位的实际意义是在任何情况下，大部分的室内空间都不会相互束缚。用颜色标记区分开的空气、水和电类的服务性管道排列在顶部。阳台和外玻璃幕墙不能移动。他们唯一能在很大程度上改变的场所或者外观就是楼板。经过对这座建筑严谨

的分析，设计师们发现整个建筑，从主要的支撑结构到地板砖，可以被划分为800毫米×800毫米的网格，利用这个网格可以形成一种与原有建筑'体系'的对话，而且他们在不需要任何妥协的情况下就可以做到这一点。建筑在结构方面的设计水平很高，混凝土楼板的厚度仅为100毫米。这意味着，任何对于这个楼板来说的额外荷载必须是轻的并且均匀分布。设计者使用地板作为"面具"，仿佛掀开表层，他们用数字方法操控的网格就会扭曲变形，直至四分五裂。餐厅的各个功能被安置在一系列的"外壳"中。

组织

750平方米（8100平方英尺）的空间被附加的四个大型铝壳改变了。它们大小不等，在长度上是从8~21米。每个壳内都布置了这个餐厅的一个功能；一个是带衣帽间和卫生间的接待室，另一个是酒吧。另一个铝壳内是VIP和私人用餐空间，最大的单元被用来安放厨房。围合空间的外部，是由座椅构成的景色，他们以一种井然有序的方式摆放着。每个外壳都内衬了彩色橡胶；灰绿色的接待/衣帽间和卫生间、黄色的酒吧、红色的贵宾休息室和灰色的厨房。

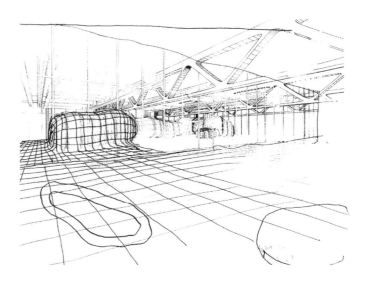

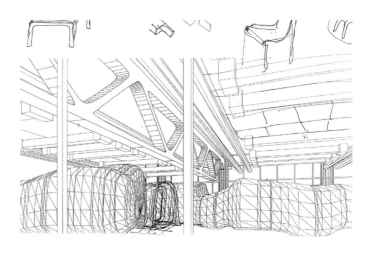

顶图和上图 概念草图展示了从楼面板和梁柱间所迸发出的新式空间与现存建筑设备之间的反差。

右图 内部引人注目的亮光，在夜间显得极为生动。

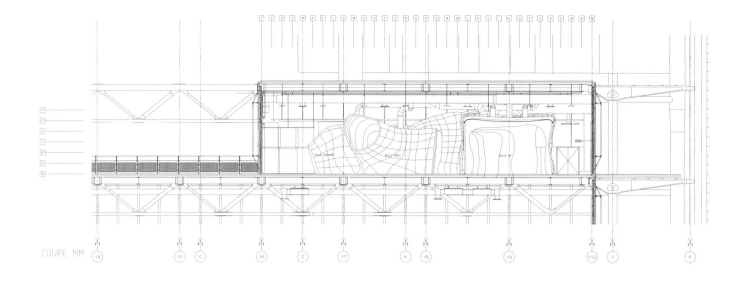

COUPE MM

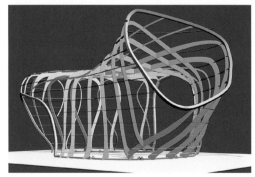

上图　在这部分，一些单元的有机形式提供了一个与被现有结构所束缚的网格相对立的空间。

右图　接待室内部，衣帽间和浴室空间都被灰绿色的橡胶笼罩着。

右下图　运用复杂的软件建模为的是这些外装元素在被运送和安装在场地之前能够被清晰的表述和制作。

细部

　　我们经历了一个奇妙的过程，仿佛我们在建造四艘大型游艇。我们研发的数字模型非常重要，因为他们阐明了表皮、主要结构和将这个体量支撑在地面上的结构之间的构造关系。[1]

　　设计师选择了一种"硬壳式构造"来解决这种外壳的设计。这种技术广泛用于船艇设计中。这种技术可以将建筑物的表皮和框架合二为一。多米尼克·雅各布和布莱登·麦克法兰雇用了一支造船队来制作他们模型和图纸上表现的空间和预制构件，然后再将他们搭建在场地中。四个外壳是由80个小碎片组成的，它们可以被小心地拆解并运到现场，这些碎片小到足以放进蓬皮杜的电梯里。外壳用4毫米（1/6英寸）厚的铝片包裹着。这与地砖的材料相同，这些地砖的铺设同样遵循了原有建筑的800毫米（31英寸）网格网。冲刷和上过蜡的地板砖与这些壳体无缝衔接，仿佛这些壳体原本就是从楼板中生长出来的。一种新型的100毫米（4英寸）活动地板悬浮在现有的地板之上，为的是房屋卫生设备和电力设备的安装以及隐藏起那些被展示在空间内各个角落的服务设备。使用了多达27个弹簧接点去连接钢板或固定到原来的混凝土地板上，以保证每个外壳的静载荷均匀分布。当周围愉悦轻松的环境展示着其内部预制件的正常运作时，雅可布和麦克法兰用数字技术精细的制作了一个善于伪装的完美入侵者。这个入侵者内部没有那些令人厌烦的踪迹却有着与服务设备和结构无缝衔接的表皮。

1 Dominique Jakob and Brendan MacFarlane, quoted in *L'Architecture d'Aujourd'hui*, May/June 2003, p.69

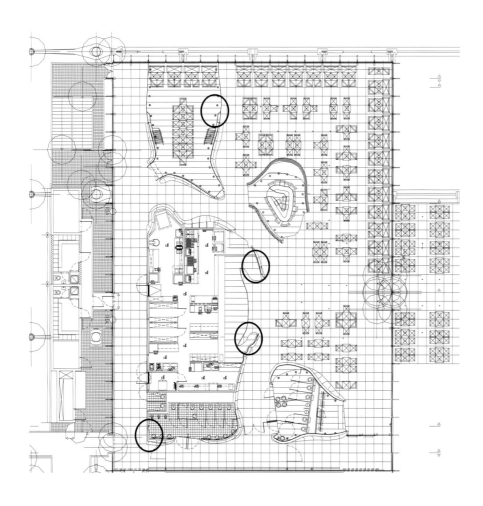

左下图 蜿蜒的曲线形式和他们所勾勒出的洞口形成了非常独特的景观。

中下图 壳体的拉丝钢表皮从地板上自然地生长出来，与内部色彩艳丽且触碰不到的服务设备管道形成了鲜明对照。

下图 为了遵从周围环境的特点和形态，浴室的水管被巧妙地解构和暴露出来。

项　目：啤酒馆（Brasserie）

设计师：伊丽莎白·迪勒与里卡多·斯科菲迪奥事务
　　　　所（Elizabeth Diller + Ricardo Scofidio）

地　点：纽约，纽约州，美国

时　间：2000 年

顶图　通过引人注
目的钢–玻璃楼梯
进入主入口，到达
餐厅。

上图　啤酒馆的入
口位于西格拉姆
大厦（the Seagram
Tower）后的小街
道边。

背景

西格拉姆大厦是一栋38层高的塔楼，专门为与之同名的家族设计。1958年，路德维希·密斯·凡·德·罗（Ludwig Mies van der Rohe）协同与菲利普·约翰逊（Philip Johnson）设计了这栋青铜和烟熏玻璃塔楼，之后它便被视为现代主义（Modernism）建筑的开创性时刻之一，定义了一代著名的办公大楼的设计与外观。在一个地价过高的城市，西格拉姆大厦决定只占据一半地块是一个非同寻常的举动。因此，在大楼前建立一个新的公共广场是一个策略，不仅展示了公司的财富，而且还使其远离其他临近的建筑。

菲利斯·兰伯特（Phyllis Lambert），西格拉姆董事长的女儿，委托密斯和约翰逊，任命伊丽莎白·迪勒和里卡多·斯科菲迪奥改造地下室中的啤酒馆。（约翰逊已经为大厦设计了两个餐厅——四季酒店（the Four Seasons）和原先的啤酒馆——后于1995年的一场火灾中被损毁）

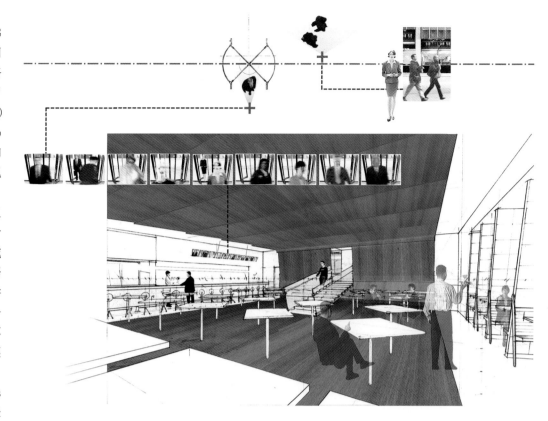

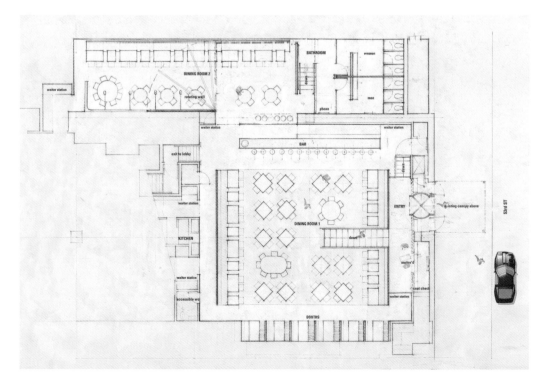

右上图 概念草图展示客人在进入室内时被拍摄——图像则稍后被显示在酒吧上方的屏幕上。　　**右图** 主餐厅位于平面的中心。更小的私密就餐区位于洗手间旁，吧台之后。

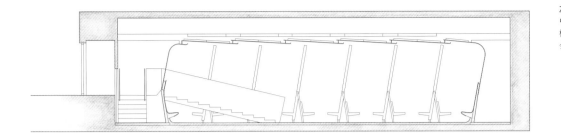

左图 在剖面图中，入口处的宏伟楼梯朝向凹进的宴会座位。

下图 一系列私人展位被放置在靠近主要用餐空间的墙上。它们被夸张的靠背包围，将食客包围在高耸的带有绿色装饰的墙壁间。

理念

世界上最杰出的现代主义建筑之一重新设计纽约传奇餐馆之一，此前景令人望而生畏。新餐厅的建设将恭敬地挑战很多现代主义的信条。[1]

西格拉姆大厦以其透明度成为现代魅力的象征。建筑物的混凝土强化外壳被覆盖在透明的钢－玻璃表层之下，非结构青铜制工字梁（I-beam）用于铰接大窗板的边缘的镶板。密斯希望建筑显得轻盈，几乎能被看透，因此百叶窗被指定只能在三个位置运行：开放，半开放或完全关闭。然而，新的小酒馆位于地下室，这意味着它没有通向外部的视线。设计师没有忽略这种矛盾，并根据这一讽刺的提示引发了一系列关于玻璃和透明度的沉思。迪勒和斯科菲迪奥（Diller + Scofidio）通过一系列的想法利用了这个矛盾，探讨了窥视访客进入和就餐的刺激感。访客在进入啤酒馆时将被拍摄。随后，该图像将被上传至位于餐厅内的酒吧上方的 15 个监视器中的一个。街道入口和接待处都由摄像机监控，屏幕将空间内的活动图像传递给那些刚刚到达的人。用餐空间的主入口是一个长而浅的楼梯，为客人创造一个戏剧性的物理入口。他们意识到自己的到来已经在监视器上呈现，所以入口对作为表演者的进入者产生了更大的影响。餐厅可被视为一个剧院：空间是舞台，元素是背景，而食客则是演员。

组织

现有建筑的实体结构意味着餐厅被自然地分为两部分——一个大的区域成为主要的用餐空间,一个较小的侧廊与私人餐区相结合。西格拉姆大厦一侧的入口处比餐厅的楼层高约 1 米,这意味着食客进入空间会有高差变化。

餐厅内放置了许多元素来定义和限制空间,主餐厅处于一个巨大的木套管包裹的空间中。这种梨形花纹胶合板套管被使用在天花板的水平面上和墙的垂直平面上。照明隐藏于天花板中,其基底则提供长条座椅。由不锈钢桁架支撑的玻璃楼梯作为一个元素进行切割,将抬高的入口与用餐区连接起来。吧台位于侧墙边的空间中,与一系列私人展位相对。这些私人展位由倾斜的绿色塑料板隔开,均被放置在与吧台相对的墙壁中。

1 Diller + Scofidio, quoted on Arcspace.com

细部

巨大的木材"包装"('wrap')包含主要用餐区。它不是单一的连续片材,而是一系列重叠的面板,每一个都由隐藏的钢架支撑形成。单元的基本原理是一致的,但会改变细节以便符合特定的功能,例如当它在空间中移动时需满足照明功能。面板的侧面支撑在钢框架上,并在底座处折叠以提供座位。座位上方的板材定位在座位略靠后的地方,以便向上弯曲时遮蔽照明,并由建筑物的顶棚支撑。单元的底部看起来是连续的,同时边缘卷曲以连接折叠的座位,并以此程序发展单元。

背面酒吧区由一个长吧台组成,其上方是用于展示酒瓶的玻璃墙。玻璃墙的亮度通过陈列酒瓶的背光橱柜实现。透镜状玻璃从一个角度掩盖了顾客看向瓶子的视野,但当顾客在吧台上占据不同的座位时,又可以从另一个角度看清酒瓶。

上图 以梨形花纹胶合板套管形成的屏风为特征的主餐厅。

最左侧图 该"包装"遮蔽了顶棚中的照明,并向下折叠,在房间的边缘处提供长凳。

左图 酒吧的后墙,大面积透镜状玻璃后面的酒瓶展览。酒吧凳面为医疗凝胶,创造了一个舒适的地方,于其上可观看到达的游客的屏幕图像。

项　目：市政厅酒店和公寓（Town Hall Hotel and Apartments）

设计师：Michel da Costa Gonçalves 和 Nathalie Rozencwajg（Rare）

地　点：伦敦，英国

时　间：2010 年

上图　高顶棚德蒙福特（De Montford）套房，前议会会议室之一。

左图　剑桥市健康路（Cambridge Health Road）上的原爱德华七世（Edwardian）建筑。

背景

2010 年，Rare 的建筑师们改造了一座建于 1910 年的市政厅以及其 1937 年在伦敦东部的贝斯纳尔·格林（Bethnal Green）扩建的一间拥有全新的 98 间客房的酒店和公寓。酒店和公寓使用相同的服务，并共用一个公共入口。

面向主干道的市政厅协同生锈的底座和一座矮小却优雅的塔被设计成强烈的爱德华七世时代风格。20 世纪 30 年代扩建的部分更大，它被建立在一种古典风格之上，内部则为一种装饰艺术（Art Deco）。两者都是砖结构，以波特兰（Portland）石作覆层。扩建部分复制且超越了原建筑中所包含的仪式房间和会议室。90 年代中期，该建筑被关闭，仅用作电影如《赎罪和锁》（*Atonement and Lock*）和《两杆大烟枪》（*Stock and Two Smoking Barrels*）的片段拍摄地。

理念

理念是改变环境。[1]

为了统一该场所中不同的元素并颠倒清晰定义的前后方面，与不同的风格相结合，设计师用大胆的方式对建筑进行了改造。他们将市政厅的侧面和顶部覆盖起来，使其延伸到一个新的表皮之下。激光切割（laser-cut）、粉末涂层（powder-coated）、穿孔铝板，创造了一个独特的表皮。同时，他们还在四层建筑的顶部创造了一个新的屋顶平面，这为酒店增加了一整层的居住空间——在现有 7500 平方米（80700 平方英尺）的面积上增加了 1500 平方米（16000 平方英尺）。帷幕具有可调节模式，能够过滤光和景观，保证住客的隐私。针对建筑物现有的房间和家具细致的修改，使得主人所在时代的细节、内饰和新增物体之间建立了非常密切的联系，补充了建筑大胆的外观。

组织

建筑以实用主义原则进行组织，并与原始的平面布局相呼应。市政厅和扩建部分的平面都采用内廊，房间靠窗户设置，以便获得自然光线。98 间酒店的客房和公寓都是定制的，以应对建筑物现有客房规模的变化。此外，酒店还设有一间面向主要街道的酒吧和餐厅，地下室设有一个 14 米（45 英尺）的游泳池。酒店还设有常规的会议室和会议设施，位于经过修复的装饰艺术委员会会议室，曾用作电影的摄制场所。主入口位于爱国者广场（Patriot Square），利用 20 世纪 30 年代的原始入口进行扩建。接待处与其大理石楼梯、柱子富丽堂皇，对应于设备齐全的客房。

左下图 激光切割，粉末涂层，穿孔铝板连接两个建筑物。

下图 覆盖爱德华七世建筑的一侧并且折叠延伸至屋顶的新表皮轴测图。

底图 新表皮融合了两个不同风格和时间的酒店的不同部分。

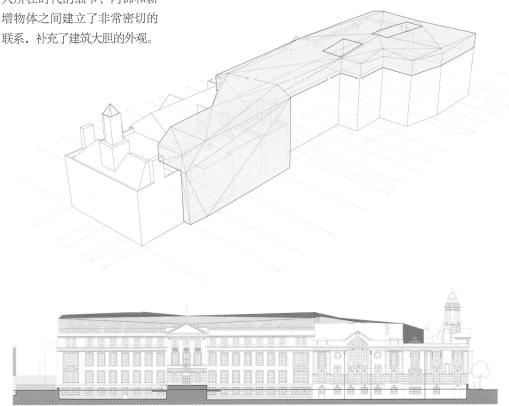

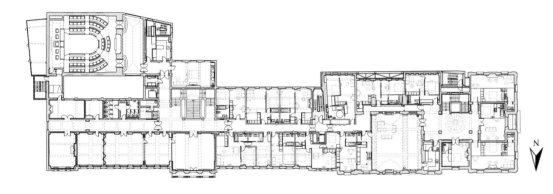

左上图 复原的20世纪30年代委员会会议室。

上图 一个"发现"（'found'）20世纪30年代装饰派艺术（Art Deco）的格栅成为一系列功能的灵感，如新表皮上的穿孔图案和新地下室泳池周围的金属墙表面的细节。

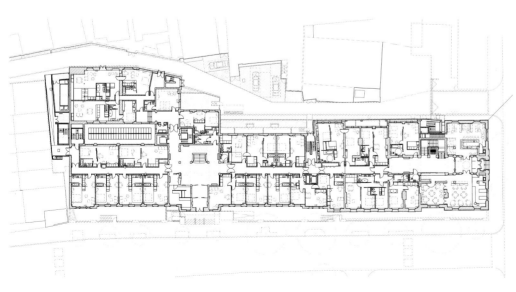

左上图 二层平面图。中央走廊的组织允许每个房间具有最大量的自然光。

左图 首层平面图。酒店和公寓主入口是20世纪30年代建造的的面向爱国者广场的大楼入口。

细部

利用回归的主题是加建部分的一种视觉和材料语言及其与主人所在时代细节之间的联系。根据设计师的研究，他们制定了细节的"图案书"，其中包含从原建筑衍生而来的材料和家具的图像。这些形成了加建部分的基础。灵感来自于一现有的装饰艺术风格的通风格栅，它被抽象成为建筑外部的"面纱"（'veil'）的模式。

它也被用于内部，作为 CNC-routed MDF 墙体，用于围合公寓的厨房，衣帽间和服务处。设计师还保留了遗弃建筑中的家具，他们复原了它，并在公共区域如接待室和早餐室使用。酒店较大的房间，如 De Montford 套房（前议会会议室），有三倍的高度，被认为太简洁而难以再细分。这些房间通过安装具有一系列家具

元素的模块（'objects'）和包含卧室和浴室的盒子而被重复使用。这些设施在平台上升起，旨在明确区分房间及其新用途。诸多考虑是便于在将来可以将它们移除却不损害其之前被放置的房间的完整性。

1 Michel da Costa Gonçalves, quoted in *Frame*, November/December 2010, p.124

<u>左上图</u> 现有建筑的房间中插入了包含浴室和床的独立平台。

<u>左图</u> 淋浴和浴缸被封闭在白色大理石（Corian）和玻璃的"房间"（'rooms'），似乎是现有的独立房间，并当它们过时可以移除。

<u>上图</u> 当旧的和新的细节相互触碰时，设计师确保每个细节都能被清晰表达并且每一个都不妥协于另一个。

项　目：南外滩水舍酒店（The Waterhouse at South Bund）
设计师：如恩设计研究室（Neri&Hu Design and Research Office）
地　点：上海，中国
时　间：2010 年

上图　浴室在酒店的每个房间都有显著的位置。

左图　该建筑位于一条面对黄浦江的繁忙主干道。

背景

水舍是上海南外滩上一家拥有 19 间客房的精品酒店，依托一栋建于 20 世纪 30 年代的三层仓库的腐朽外壳。

这栋被再利用的建筑濒临黄浦江，与浦东的摩天大楼隔江相对。在一个快速发展的城市中，保留和修建是不同寻常的。这不仅仅是因为上海以前被作为日本军队的总部，更是因为在这个快速扩张的城市中，地价确保了空间必须被发展到其最高价值。

理念

在任何酒店，都会清晰地划定私人和公众空间之间的界限——公共空间，如大堂，常常远离诸如客房的私人领域。如恩设计研究室（NHDRO）从当地的建筑类型得到水舍酒店的创作灵感。这种建筑类型在城市迅速地被抹去，但在他们看来则提供了一个处理公共空间和私密空间关系的有趣先例。

石库门（*Shikumen*）是出现于 19 世纪末上海的一种建筑风格。类似于西方的露台或联排别墅，石库门建筑中，一系列相连的房子共享公共空间，其特点通常是由一面墙分离建筑与公共巷道。墙后为庭院，提供一个公共空间供居民聚集，或作为花园，晾晒衣服等。从弄堂（*nong tang*）或"胡同"中汲取灵感，设计师在酒店内创建了一个垂直庭院，一个公共和私人空间在一系列精心编排的交通流线下重叠的地方。

顶部左图　一片耐候钢（new Corten-steel）板嵌入建筑立面，强调入口。

顶部右图　三层通高的大厅里，混凝土板浇筑成的接待台。窗户直接切入空间上部，与其中一个客房相连。

上图　通过连续的活动遮板，光与景观映入室内，内部庭院变得活泼。

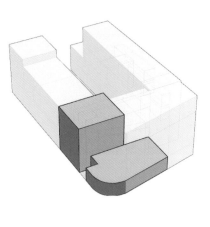

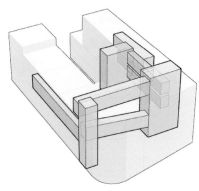

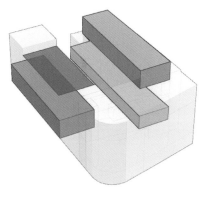

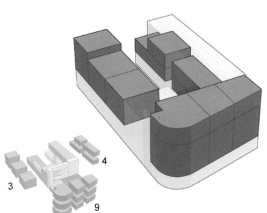

顶部左图 到达区域由酒吧、接待和休息室组成。

左上图 公共流线：酒店内部和外部走廊。

左图 公共空间包括一个图书室、一个餐厅、一个休息室和一个屋顶酒吧。

底部左图 16 间客房，9 间江景房，7 间享有内院景观。

上图 耐候钢板屋顶上有花园和一个酒吧。

组织

你经常能看到其他人，视线从浴室穿越到浴室，从浴室穿越到阳台，从阳台穿越到餐厅……浦东的美景融入花园。这种混合与模糊定义了今天的上海。[1]

现有建筑的 U 形平面中心包含了一个开放广场，设计者将它作为一个免受嘈杂主路影响的私密庭院。直接向庭院开放的房间重建了紧凑的城市肌理，这让人联想起弄堂的类型学。酒店的公共空间——大堂、休息室、餐厅和与之相联系的服务用房，例如厨房——

安排在一楼庭院的周围。屋顶有花园和一个酒吧。三间客房被置于屋顶，期间客房拥有院落景观，其他九间为江景房。酒店和环境的亲密关系将空间中的视野融入酒店内部而形成，使酒店感觉像是它所在的城市的延伸。

酒店入口隐藏在小巷中，高大的耐候钢板强调入口。大堂是一个通高的混凝土盒子，在岁月中产生的裂缝和伤痕延伸至建筑内部，无一遗漏地映入访客的眼中。私密空间和公共空间的互相削弱从大堂开始。酒店其中一个房间内部透过嵌入混凝土墙中的釉面玻璃，对大堂有直达的视线，直接或从卧室进入的视线则使它成为只供展览的房间。

在餐厅中，顶棚上的一对长且深的缝隙汇集了来自上方客房的光。狭长的槽确保客人不会被看到，但是餐厅和客房两者的连接使得私密空间和公共空间的关系变得有一些模糊了。在电梯已经成为生活日常的城市中，水舍酒店保留楼梯并将它提升为内部交通的主要方式。庭院用白色抹灰粉刷，窗户上装有木制遮板，居住者既可享受也可隔绝庭院中的活动。

他们内部覆盖着镜面钢，室内的人可以继续窥视游戏。

顶部左图和左上图 施工期间，保留建筑被侵蚀的构造，并且用作安装新的、现代元素的背景。

上图 保留原先的混凝土楼梯，并入空间的主要流线中。

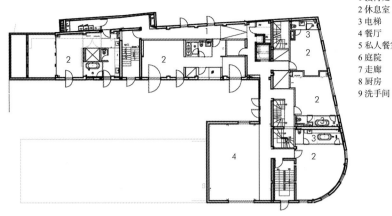

底图　一层平面
1 接待处
2 休息室
3 电梯
4 餐厅
5 私人餐室
6 庭院
7 走廊
8 厨房
9 洗手间

右下图　二层平
面图
1 交通空间
2 客房
3 盥洗室
4 上空

左下图　三层平
面图
1 交通空间
2 客房
3 盥洗室
4 上空
5 露台

左图　四层平面图
1 交通空间
2 客房
3 盥洗室
4 上空

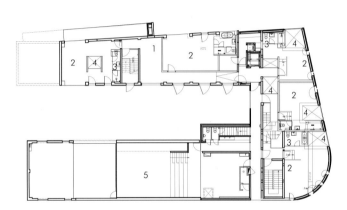

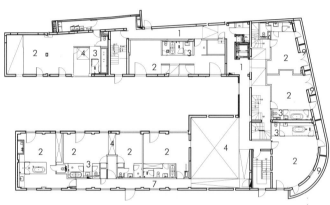

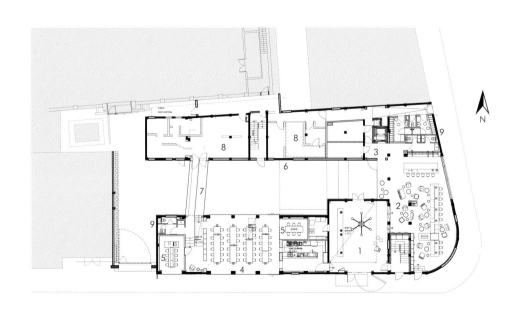

细部

原建筑的耐久力启发设计师们保持它衰败而坚韧的状态的完整性来庆祝其幸存者身份。于是，他们利用被侵蚀的构造，剥落的墙体和脱落的抹灰，为新建筑提供背景。他们在原建筑上直接应用新的元素，突出衰败空间的魅力，而非"做成功的建筑（making good）"由此产生的室内是新与旧的结合。大堂中，原楼板"幽灵般的（ghosted）"的轮廓被保留下来。过去在此空间中使用的绿色瓷砖剩余的部分也被保存下来。同时，设计者们通过混合使用新砖和旧地板以及重复利用旧木屋顶来制作餐厅的大桌面，模糊了保留物和新事物的界限。

新的元素为装配式材料，例如耐候钢板，砖和混凝土，与可回收回收材料，如用于地板和遮板的橡木。一片耐候钢板延伸至屋顶，与两扇巨大的釉面玻璃窗洞铰接，使光和黄浦江对岸的景色透入客房。客房面积为28至60平方米（300至650平方英尺）不等。所有客房采用同一种材料色泽，包括不同形态的暴露的墙体，混凝土，耐候钢板和宽橡木地板和床具。为了完善酒店的窥视特点，浴室由着色玻璃围护，并且经常被放置在房间的显著位置。在顶楼，浴缸嵌于新修建的耐候钢板槽中，为沐浴者提供壮丽的景色。

1 Lyndon Neri, quoted in *Frame*, November/December 2010, p.111

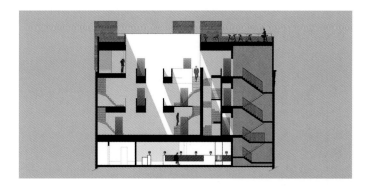

左上图　穿过庭院的横向剖面。

左图　纵向剖面通过门厅和餐厅上方楼板上切出的狭缝强调公共空间与私密空间的紧密联系。

上图　餐厅中再生木材桌面和来自上方客房的视线。

中图　优雅的客房，使用当代和古典家具共同装饰。

顶图　酒店中精心挑选的空间，提供河对岸的特殊视角。

功能决定了建筑形式，但是一旦功能消失了，建筑形式又该如何做呢？现有的建筑形式能适应新的功能吗？整个从事现有建筑的研究是在形式和功能上的辩证：

当新的功能和现有建筑形式匹配的时候，这个转换才是成功的。[1]

几千年前，人们建立的城市建筑结构正在逐渐的改变。重新利用建筑并使它们拥有新的用途是一个需要调整，重新组合潜在不同的元素变成一些新的东西的过程。现有建筑的新用途意味着不能只考虑空间的体积和结构，还要适当考虑物理环境，例如历史、空气、物质和之前的使用情况。用一个新的方式改造现有的空间，

并把他们重新投入使用，是一个不仅打开了空间新用法的尝试过程，也是一个精心挑选被改造建筑的过程。正如菲利普·罗伯特所言，形式功能是转化的一个关键的因素。

文化空间

文化空间包括画廊，图书馆、剧院和档案馆，不管是通过购买，凭借书本还是通过像现代舞或者戏剧的表演类型的艺术都是可以查询信息和培养学识的空间。知识的发现是一个可以通过空间和物体传播的过程。换句话说，不管文化、知识和信息通过何种方式被传播，这个被产生的空间扮演了一个很重要的角色。

因文化的占用而重新使用

的建筑有一段长而辉煌的历史。16世纪，在意大利北部的维琴察，一座永久性的剧院在一个老的堡垒里面建立起来了——the Catello del Territorio，它在淘汰之前曾经转变成了一座监狱。建筑师安德烈亚·帕拉第奥曾被要求为剧院进行设计，尽管堡垒有个尴尬的外表，他还是决定用这个空间去创造一个改编版的古罗马剧场，他曾经近距离考察过。为了让剧院适应宽阔的浅空间，帕拉第奥不得不让古罗马剧场的半圆形座位区变平，变成椭圆形。这个剧院在1585年第一次展览，随后被保留了下来。舞台背景和被收藏的建筑变成了城市的一部分，并且表现了超过500年的丰富的文化空间，仍然呈现了工作中的秩序。

文化空间即是短暂的也是长久的，在短时间内可以被用来传授知识。这是一个明确的特征，通过博物馆和展览厅的设计来承担知识的交换。在20世纪初，莉莉帝国（现代室内设计的先锋，在斯图加特和柏林，在20世纪20年代和20世纪30年代）创造了天鹅绒和丝绸咖啡馆。在1927年的秋天，柏林的一场为了女性时尚，这个被认为是提供给展览游客讨论和展示包豪斯现代家具的空间平台。这些用窗帘分割出的一个个展示和讨论的空间里，在这个临时的展示空间里，安置了一个大型的展示女性时尚的展厅。德国设计了一组小型空间，用黑色和黄色丝绸织物的利用，悬浮于曲线金属的杆。这个丰富多彩的空间设计在这个大的、喧闹的展厅里尤为突出。

第6章 文化空间

右图　奥林匹克剧场七条街道之一的一张夸张的透视图，位于意大利的维琴察，建筑师是安德烈亚·帕拉第奥和斯卡默基

文化空间和城市

对现有建筑的研究早已不再是一个维护城市映像和历史遗迹的问题，它已经成为一个经济与生态的需求。[2]

对于城市构图的保存没有一个城市比威尼斯更明显，可以说许多个世纪以来，都市的结构和文化都已被小心地重新布置并雕刻了下来。以上 Schittich 提出的生态的必要性也是至关重要的——在这种情况下，即保护城市不受到围绕着它的泻湖湖水下沉与上升的危害。威尼斯的结构处处充满了这种湖水与历史的危险战役——这个因素也被一位最著名的设计者结合到了城市的规划中。

1868 年，乔凡尼·奎利尼·斯坦帕里亚在一座 16 世纪的宫殿里创建了奎利尼·斯坦帕里亚基金会。这个基金会包括一个藏书近 50 万册的图书馆，一个博物馆和一楼的临时展览空间。在 20 世纪 60 年代早期，为了满足图书馆的学者和其他用户的需求，卡洛·斯卡帕改建了基金会的

一楼和花园。建筑的地下一层有可能被临近的运河淹没，因其现在的入口是有问题的。水可以在涨潮时穿过建筑的正立面，通过门廊的门进入到一层的走廊。斯卡帕创造了一个新型的桥梁横架在运河上直接进入走廊的空间，缓解了入口的问题。他还重新布置了房间凹处的内部，形成了一个围绕着房间周围的水道，这将使洪水进去建筑内部。这种石头渠道通过一系列的 Istrian stone 步骤让水分散回流入运河，再

回流到泻湖的 lapping 水域。在一个特殊的背景下，奎利尼·斯坦帕里亚通过重新使用现有的建筑统一了城市与文化。

城市的棚户区的转化通常跟随着一种特别的殖民化模式。最初的购买者，以廉价出租的形式开始这个流程，紧接着吸引随工作和社会空间而来的新的居住者，最终中产阶级化。这种周期循环的过程以那些之前不再使用的或荒废的或准备拆除的建筑的再居住为

特征。

许多著名的城市，从纽约到伦敦再到巴黎，都已经历过了这个变化的过程。在伦敦的泰特现代美术馆通过重新使用现有建筑转换成文化建筑举例阐释了这个城市的再生部分。

虽然深受喜爱但多余的遗迹——班克赛德电站被改造成一个艺术走廊，在伦敦南部的这个预言部分启动了一个再生战略。今天该地区允满了家庭、办公和社会空间，已经成为了一个蓬勃发展的社区。

知识和表演空间

在数字架构的表演世界中，评估一个建筑对象或组件不仅仅是因为它的美丽或它的效用，而是它的能力允许，甚至鼓励改变。[3]

档案馆和图书馆是世代知识和历史的文化仓库。将它们藏在适应的建筑物中，它们是历史层次的容器，可以导致信息和空间之间的丰富而复杂的对话。对现有建筑物的表演性占用可以被配置为永久的或临时的。无论构成什么样的方式，空间的本质在于其能够统一身体（无论是表演者还是观众）及其环境。表演的要素和设计共用一种语言，特别是通过建筑物再利用创造室内空间，占据空间中的某个位置，和组织单体或群体的活动，同样都是生产空间的重要方式，而其控制节奏、顺序和形式以创建叙事空间的方式，可以通过舞蹈的运动方式，也可以通过演出的表演形式。这种关系可能会通过不同寻常空间的利用而被加强，这种不同寻常的空间是作为一个表演背景和场景的元素。

设计者霍沃思·汤普金斯从事一系列的影院项目，在那里建筑物、居住者和空间的结构之间的关系是最重要的。在伦敦皇家宫廷剧院项目中，这种策略体现为"层层剥除"，即多年来在剧院空间和表皮上堆积的涂层被暴露出来，似乎是将剧院本身变成了剧中的演员。

上图 一个废弃的加油站已经被改造成 Cineroleum 电影院。这个电影院坐落在车库前院的屋檐下。

右上图 电影院的窗帘是由回收的防潮膜材料做成的。当电影结束后，它便会升起。

右图 接待和交流空间被安置在一个新的和现有空间的拼贴，毗邻礼堂主楼。

在伦敦的另外一座剧院中，即年轻的维多利亚剧院，人们都崇尚一种相类似的方法。该剧院在1970年建成的30年后，非常幸运地收购了一家由比尔·豪厄尔设计的临时性的处所，这一点深受观众和艺术家的喜爱。然而到了2004年，其中大部分建筑都已经到了使用年限的尽头。霍沃思·汤普金斯受人委托，便在此处重建一个面积更大，功能性更加灵活的电影院。在建设初期，他决定保留年轻的维多利亚剧院中一些中心建筑，即礼堂与其相邻的一些战前建筑的断壁残垣，而不是拆除它们。新的影院和一些社交场所就建设在这些中心建筑周围，形成一个统一的建筑群整体，而不是一些独立的建筑。其目的在于创造一个能一直提供休闲场所，而且剧院里的设计师、导演和演员们都兢兢业业。

创造性的空间在于表现力，尤其是舞蹈，需要某种特殊的情感才能产生。西沃恩·戴维斯的工作室设计师莎拉将一座世纪之交前维多利亚时代的正规校舍，改造成为一个非正式的场所，在那里，表现、实践、身体和空间都结合在了一起。一位舞蹈家和一位名为西沃恩·戴维斯的客户认为，从舞者的角度来说，钟爱平衡，并不意味着僵硬和死板，而是可以做到灵活弯曲。我下意识很想集中自己的注意力，然而还是有一种空间感。[4]

这个建筑本身是用实心体砖建造的，但是在某种新的干预下，这种建筑所持有的一些明亮的色彩，活泼的材料以及诙谐的细节就会增加它的趣味性。该建筑的屋顶上所形成的这种新颖的表演场所，耸立于维多利亚式建筑之上，就好像一座充斥着灯光并且有些屋脊结构的木质小亭。

临时居住

尽管定义，知识和商业和专业实践的体系，室内设计也关于内部空间的无形方面，如大气和性能。[5]

即使在很短的时间内，改造一些废弃的空间，也是内部建筑和设计以及重用现存的建筑中一个较为隐含的方面。电影、戏剧表演和舞蹈这种文化事业形成于一个能够提升其品质的环境当中。世界的有限资源能够确保这些现存的建筑以及占用地，成为可循环空间，材料和想法的一部分。

在伦敦，一个废弃的加油站（在英国目前已有4000处），改造成了一个临时的电影院。这些建筑主要是由捐赠和发现的一些材料建设而成。Cineoleum就安排在加油站前院的屋顶下，它被包围在华丽闪亮的银色窗帘之中。这种窗帘是可以循环利用的DuPont AirGuard制作而成，其本质是一个防潮膜。这种屏幕是从国家剧院外面的废弃桶里捡到的，这些座椅和一些主要的建筑结构是由那些原本要丢弃的廉价废用板做成的。这些座椅被安置为一些临时看台。剧院中的这种银色窗帘可以使观众避免风吹雨打，远离噪声和克勒肯维尔路附近汽车排放的尾气。每一场演出结束后，这种窗帘就会落下用来遮挡道路对面的剧院，更多的是避免路人心中的困惑。

本章探讨了一系列文化空间，这些文化空间是通过殖民现有的建筑以形成获取信息和知识的场所。

1 Philippe Robert, *Adaptations: New Uses For Old Buildings*, Princeton Architectural Press, 1989, p.9

2 Christian Schittich, 'Creative Conversions', in Schittich (editor), *Building in Existing Fabric*, Birkhäuser, 2003, p.9

3 Reed Kroloff, 'Architecture by the Numbers: Winka Dubbeldam and the Mathematics of Performance Design', in Winka Dubbeldam,. *AT-INndex*, Princeton Architectural Press, 2006, p.15

4 Hugh Pearman, 'The Dancing Building: Siobhan Davies Dance Gets its London Base', *Sunday Times*, 12 March 2006

5 Clive Edwards, *Interior Design: A Critical Introduction*, BERG, 2010, p.5

左上图 西沃恩·戴维斯舞蹈中心的新的阁楼舞蹈空间曲线提供了一个与前维多利亚校舍一样的正规品质

上图 光涌进木条线型空间通过一系列的玻璃天窗

项　目：格拉斯哥艺术学院图书馆（Glasgow School of Art Library）

设计师：查尔斯·雷尼·麦金托什（Charles Rennie Mackintosh）；

　　　　赫尼曼和科皮事务所（Honeyman and Keppie）

地　点：格拉斯哥（Glasgow），苏格兰（Scotland），英国

时　间：1897—1899 年，1907—1909 年

左上图　图书馆入口处的景象。面对着的玻璃是建筑的西立面，午后的光穿过玻璃使建筑内部更有生机。

上图　两层高的房间，经过了对柱、梁和表面的仔细考虑，并且被设计成在一个房间里面创造出另一个房间。

左图　图书馆位于高地的后面，是陡峭的下坡，路的尽头是学校的山顶处，狭窄的窗户在建筑的西立面上。

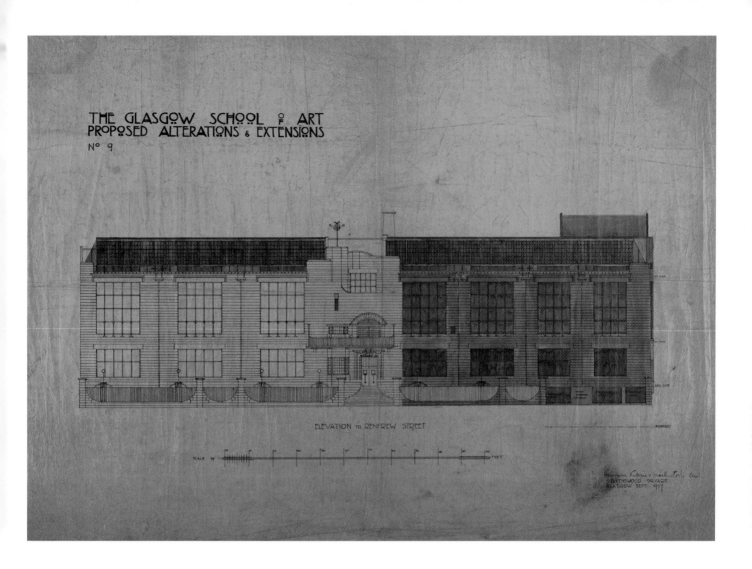

THE GLASGOW SCHOOL of ART
PROPOSED ALTERATIONS & EXTENSIONS
No 9

ELEVATION to RENFREW STREET

SCALE OF

背景

归功于苏格兰建筑师赫尼曼和科皮，格拉斯哥艺术学院在 1897 年由查尔斯·麦金托什设计。查尔斯·麦金托是事务所中一个相对来说较为年轻的雇员。在一个感知运动中，马金托什作为学校的交换生，同伴们替他为一个项目竞赛提交了简要，获得了一等奖。

这个灰色花岗石的学校建筑位于一个棘手的丘陵地带，分两个阶段完成：第一个阶段完成了包含着中心主任室的一半的建筑。第二阶段，始于1970 年，包括了一项激进的再次设计项目以及涉及新的流通要素的插入，例如走廊、楼梯。它同样涉及了在西部侧厅的图书馆的设计。这个再次设计的项目，特别是对图书馆的设计，论证了麦金托什自从第一次赢得竞赛项目后，他的想法是怎么样变得成熟的。

理念

在图书馆中，有一种异常凝固着的兴奋的气氛。这些线路充满戏剧性和街道每一处地方都在空间的掌控之中。结构的形式被显露和强调；木材自己仿佛在说话。用可辨认的预制件组装的支架、橡、桩，讲述着空间的永恒，一个可组装成适合任何年龄的场所。[1]

在这个图书馆项目中，麦金托什重新赋予了现存空间的意义，以此反映了他不断地成熟和不断提升的对复杂的空间以及物质上的见解。同时第一期的建筑探索了一些有表现力的、立体的、哥特复兴的语言，同样显著于 1897 年皇后十字教堂（Queen's Cross Church），图书馆内部的空间操作论证了一个更广泛更折中的影响。这些都不同于日本的象征主义和新艺术派的抽象

上图 学校的正立面，以及后来被提议的右边的延伸部分。

组织

图书馆被学校东西的主要走廊联系着，入口在东北角。因此，当参观者穿过入口，参观路线被设置成斜对角线。这提高了空间的可视复杂性，一种成角度的视线穿过内部的柱子朝向窗户。建筑的西立面同建筑一起被重新设计，并且和新图书馆的位置连接起来。这使得麦金托什能够用一系列三层楼高窗户来打破外部的墙体，使得光能够在午后能够进入图书馆，同样加强了一些评论员提议到的图书馆的木结构隐喻于树林的想法，反映了麦金托什对自然主义象征的兴趣。

上部的画廊和下部放书的墙体，与阅读用的桌子椅子都被放在了走廊。中心空间包含了被一系列悬浮于屋顶上装饰性的灯饰照明的杂志架子和桌子。这些完成了内部构成垂直向的结合。麦金托什选择了在已有两倍高的空间中创建一个新房间。结果就是一个双高的房间和一个被四条走廊环绕的中殿。

上部的画廊，从支撑的柱子的边缘向后缩，和楼板梁排成一行，在下面形成了一个更低的通道。这个画廊使房间变得丰富，但是它要从竹子边缘向后退缩以保证主要的空间不会压迫或者被楼梯平台的拱腹压缩。这种熟练的尝试让麦金托什能将阳台、支撑梁和柱子构成作为一个清晰明确的要素来加强房间的高度和节点。此举强调了由一系列实心板形成的栏杆，有着雕刻和刺穿形成的木板文理的特征。这些有褶皱饰边的栏杆都被涂绘成红色、绿色和白色的，并且与连接通往画廊角落的主要廊道的栏杆所交替。

左上图 画廊栏杆被设计成重新组合的悬挂的纺织品，同时这个圆齿状栏杆被涂绘和放置在梁的顶部以连接着柱子和上部水平面退缩的部分。

上图 中心的桌子和下面堆叠在一起精致的椅子，被悬挂着的由黑色和银色灯饰聚集集物照明。

右图 图书馆是在建筑的第一层的西南角和建筑的夹层平面图。

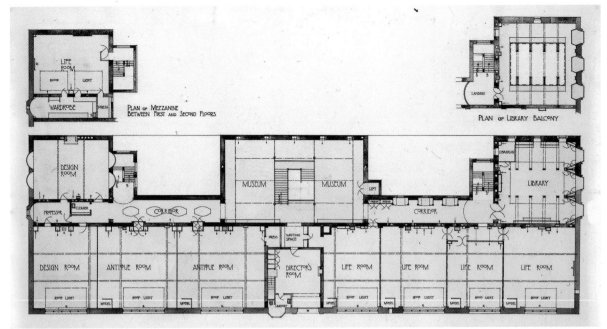

右图 图书馆的剖面图。一个精心制作的框架为了用于悬挂学校上方的屋顶的桁架结构，并确保给图书馆的第一层的荷载尽可能的轻。

细部

通体的暗色和泥土色的空间被颜色点不时打断。生动的栏杆和中央由一条长链子挂着的灯，笼罩在中央的桌子上空，灯饰是黑色和银色的，并且有紫色和青莲色的玻璃镶嵌在上面。橡木椅子（Oak chairs），与其他预制的家具的部件一样，是被设计成为完全适合于这个空间的，椅子收至桌子之下，是为了与桌子和谐统一，使小空间最大化。它们细长纤弱的形式和木头支架，是受四周廊结构的影响，为了强化像树冠一样的顶篷。

1 Denys Lasdun, 'Charles Rennie Mackintosh: A Personal View', in Patrick Nuttgens (editor), *Mackintosh and his Contemporaries in Europe and America*, John Murray, 1988, p.120

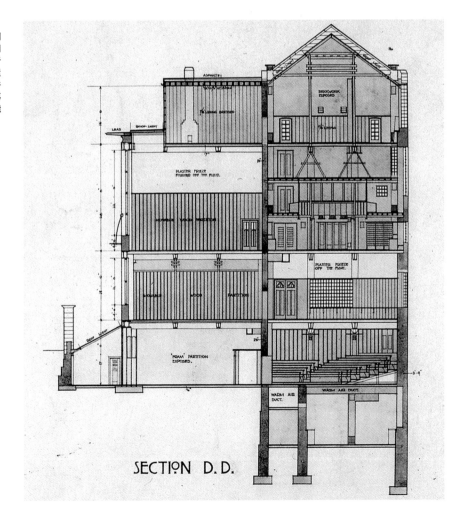

项　　目：皇家交易所剧院（Royal Exchange Theatre）

设计师：莱维特·伯恩斯坦（Levitt Bernstein）与理查德·内格
　　　　里（Richard Negri）（建筑师）；奥韦·阿鲁普和同事
　　　　（Ove Arup and Partners）（结构工程师）

地　　点：曼彻斯特，英国

时　　间：1976 年

上图　新剧院被设计成确保新结
构与旧结构之间产生最大程度上
的对比。

左图　旧的交易厅建筑，由布拉
德肖（Bradshaw，Gass&Hope）建
造。

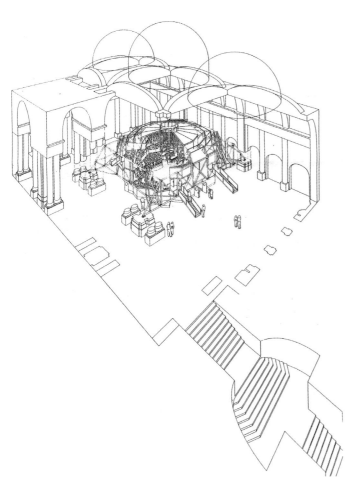

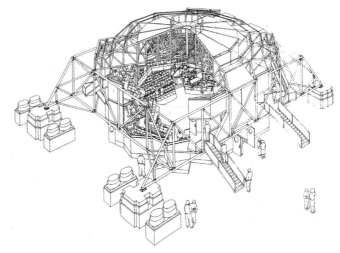

背景

由布拉德肖（Bradshaw, Gass & Hope）设计并建成了 1914—1921 年的曼彻斯特皇家交易所大厅或者棉花交易所，是自 1972 年后在棉花交易所领域的一个延伸。在交易所运行期间，最大的交易所是爱德华时代的建筑，坐落于在英格兰，能够容纳数千的人们。这类交易所在 1968 年 12 月被停用并留下了 5 年的空白期。

在 1973 年，皇家交换剧院公司——是由临时就读于曼切斯特大学的演员和表演者形成的一个小组——公司通过保诚保险公司获得了租约（该保险公司是空置的交换所的所有者），并且在二级历史保护建筑里巨大的大厅中，创建了一个临时的会堂。这个皇家交换剧院（Royal Exchange Threatre Campany）开业于 1976 年 9 月。

理念

一次戏剧性的经历…一艘饰以珠宝的登月舱开启了忧郁的爱德华时代的辉煌。[1]

这个剧院公司最初对于这个大厅临时的占有权，使得他们对于目前的这种建筑的容量和特性有了一定的认识。当项目的资金变得适用，这使得他们对新的剧院形成一份十分详细的概要。这个公司拒绝传统剧院的"舞台前部"和"舞台后部"的布置方式，那种沿袭了古罗马古希腊时期将观众与舞台清晰区分的弓形格局。取而代之的是他们选择了一种"圆形剧院"的方式，因为这种方式在演员和观众之间有着紧密和生动的联系。演员们不得不被允许在剧院外的大厅聚集，然后在大厅的周边界面上的几个重要部位进入舞台。观众们被安置在远离表演区不超过 10 米（30 英尺）的位置。舞台布景将会是适应性的，在合适的时候被使用进来。

这个公司想要保留这个大厅的特色，但是他们需要一些声学的措施来解决这个巨大空间 7.5 秒的混响时间。他们同样需要控制从三个玻璃穹顶倾泻而入的自然光线。所以一个最初由理查德·涅格里提出的关于剧院的解决策略，是在主穹顶的大厅下嵌入一个新封闭的同轴心的观众席。它将会有一种形式，呈现出一种当代的、轻盈的、精确的和石制、钢结构相反的大厅。这种新的剧院不仅仅是用来反抗那些已存建筑的特征形式，而是希望重新塑造其辉煌和使它成为生活和城市的一部分，伴随着酒吧和每日在正常时间开业的饭店。希望这种形式的建筑可以吸引那些之前从来没有进入过剧院的人们。

最左侧图 透明与不透明的室外装饰材料的混合使用，突出比对了剧院和旧建筑，以及应对火灾疏散策略。

左图 观众登上楼梯到达观众席的上层，同时下层可以通过一层的门，这个门也被允许演员们在表演期间进入舞台的任何地方。

下图 一个嵌入大厅的新的部分展示出获得最大对比度的剧场与主建筑部分的比例。

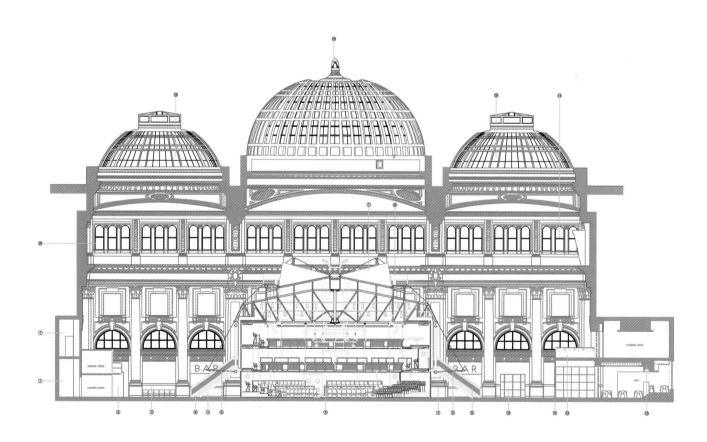

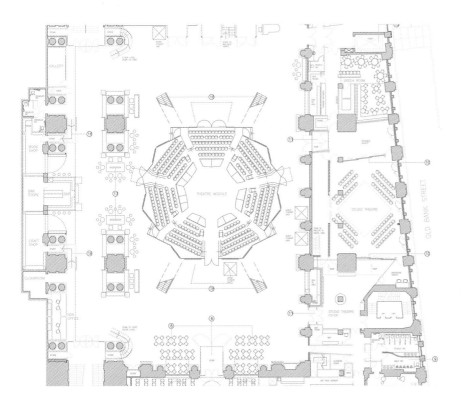

组织

这种新的剧院被构想成是一种巨大的,自给自足的,与世隔绝的单元,七边形的平面,嵌入进这个似洞穴状的巨人大厅。这个概念要求一个观众席可以容纳 700 个在大厅中心的座位,但是一份结构分析报告揭示楼板的负载能力仅仅能够承担 450 座的重量。同样的报告同样得出这种支撑穹顶屋面的石柱正承受着超过它现在承担的力的更大负荷。

这类现有建筑的结构决定因素以及大厅的组合形式,决定了新插入部分的准确位置。观众席被安置在三个穹顶之中最大的部分(石柱间最大的部分);450 个座位将被放置在楼板上,另外 300 个座位放置在画廊区第二层位置上。这些将被一两架 4.7m 高(15 英尺)的桁架形式横跨 30m(98 英尺)砖砌的大厅作为主要结构解决。次要的桁架,同样的高度,形成一个 21m(69 英尺)围绕观众席的空间。被主要结构和次要桁架支撑的 7 个放射状的桁架承担剧院屋顶的荷载。这些支撑着座位和轻的画廊区,因此并没有其他的荷载在大厅的楼板上。所有剧院高级部分的结构荷载被转移到现存的柱子上。这类建筑复杂的几何被一系列更小的结构元素横跨,承载着玻璃与钢的包层和完整的围护结构是这个附件的主要结构承载。辅助的功能,例如盒子似的办公室、酒吧、饭店、化妆室、排演室和贮藏间,被散布在建筑的各个角落

细部

利用管状的钢、玻璃和金属薄片包层,达到使新结构和旧建筑对比最大值。选择这些特定的材料同样是因为它们的耐火性,这项对丁建筑重要的考虑因素。对可能发生的形式的烟和火进行分析研究,通过这份研究,一份材质上的策略正被实施。一个对于通过设置玻璃包层的观众席和大量的入口和出口的清晰观点,保证了在火灾事故事件中有效的疏散。低易燃的装饰和材料被使用在内部的观众席上。所有的这些意味着用一种耐火材料在钢结构上包层变得没有必要,使得清晰的设计语言能够轻易辨识。

1 The second-stage jury report for the North West RIBA Awards, cited in the *RIBA Journal,* August 1977, p.334

左上图 剧院被构想为圆形,当主要剧院不使用时,采用了可以允许公共设施继续使用的形式,例如酒吧、饭店。沿着建筑的周围布置一些小的工作室剧院。

上图 建筑内部街道的景色和光——在 1996 年曼彻斯特剧院遭遇恐怖分子炸弹式袭击后添加。

项　目：特拉斯特剧院（Trust Theater）
设计师：弗朗辛·乌邦（Francine Houben）梅卡诺建筑师
　　　　事务所（Mecanoo Architects）
地　点：阿姆斯特丹，荷兰
时　间：1996 年

上图　位于首层仿石柱式木柱廊
内的酒吧

左图　这座路德教会教堂被设计
成从外面看上去像一栋大型住宅
的样子

背景

本项目是为一家独立的剧院公司——特拉斯特（Trust）创作的新址。它位于阿姆斯特丹红灯区边缘一座建于18世纪晚期的路德会教堂内。特拉斯特因其前卫的舞台表演剧作品而知名，其作品种类涉及从沃纳·施瓦布（Wernar·Schwab）到契科夫（Chekhov）。他们之前的办公场所是一个被废弃的游泳池。

这座教堂建于1792年。根据一条关于改造宗教建筑的城市议会法令，这座福音路德教会教堂被禁止建成教堂的样子。为此，它被设计成了一座朴素、经典的建筑，从外观上看就像一座大的住宅。它于1952年被卖给一家银行，充当档案馆之用。曾摆放在教堂尽端的一台做工精良的管风琴被捐赠给了一座位于阿纳姆（Arnhem）的教堂，神坛亦被捐给了位于埃尔斯特（Elst）的一所教堂。后来，整座建筑于19世纪80年代起被遗弃。

理念

新旧之间没有产生交互，那是细部处理的原则。我们除了一些必要的技术性措施外，没有对老建筑做任何工作，但这室内的家具必须具有一定表现性与装饰性。[1]

现有建筑的束缚以及资金的限制对该公司提出了要创造一种新建筑室内语言的诉求。前几任的占有者已经彻底消耗了这座衰败中的建筑，中间那被两排木柱所围合的空间被暴露了出来。乌邦曾提到过那台被搬走的管风琴，它制作精美让人印象深刻，有三层楼的高度且极具装饰性——这影响了她对这座教堂经历的认识，这些想法又轮番深化了对于重新使用教堂的关键策略，以及后来居住使用者为其带来"新生"的思想。

乌邦决定通过放置一些无新的独立家具来使室内重新振作起来。它不但不会触碰到现

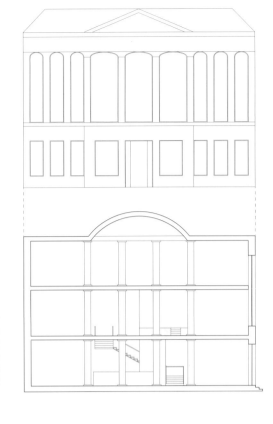

右图　新剧院占有老教堂的中殿，中殿被木柱廊所围合。教堂简约的外表则像面具一样把室内从城市中遮挡开。

右图　教堂位于运河边缘。

最右侧图　一个三层高的管风琴位于中殿尽端，占据了整座教堂的主导地位。

右下图　设计师们通过插入一个三层高的家具来重新塑造教堂室内，它包含了交通空间，一个酒吧，以及为中殿剧院服务的声控室与光控室。

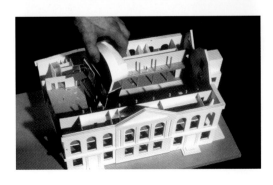

顶图 施工中的中殿。　中图 在被主要家居元素围合之前的新交通空间。　底图 大厅的阶梯式座位整齐地排列在中央空间中。

存的木制柱廊，还会为剧院的每一层而服务。它将会附带交通空间，一个酒吧，一个厨房，然后其位于顶层的部分，还为辅助剧院的运营而加设了音响室与灯光室。其想法是使得新老元素之间互不触碰，但他们的相互临近会产生多元的冲击使剧院焕发活力。

组织

新的室内组织完全由现有空间的形式与结构决定。以仔细倾斜的座位形式组成的300人的礼堂被插入到了建筑中央的大空间中。两侧柱廊中间的14m宽空间正好接纳了这些座椅，并用传统的方式将舞台安置在大厅的最远端。木柱之间的黑色窗帘，确保了剧院在表演时可以保持幽暗，或可在平常彩排和维护时收起使得室内变得明亮，进而塑造了一个——常处于一个严密控制状态，而非常时期可受人工干预的空间环境。

彩排空间、门厅、酒吧以及办公室围绕着中央大厅布置并设在了建筑的三个楼层上。新的家具元素被永久地放置在剧院入口处，占据了原管风琴所在位置的另一端。

细部

材料语言反映了本项目的资金限制。建筑的外墙面保留了原来的样子，仅仅只通过一盏聚光灯来照亮。室内墙面裸露的砖被直接暴露出来。一些家具，比如入口门庭的座椅，则是从比利时的一家损毁了的学校买来的。木柱、地面及吊顶龙骨被打磨，并暴露在外面。这简约的质朴的室内却发挥着很好的效果，它向外传播着该公司的身份地位。这由木材与石膏板构成的"家具"元素外表面刷成了血红色，而室内部则被刷成了金色。特拉斯特的主管坚持没有接纳设计师的想法，将3盏枝形吊灯挂在了这新家具之上。这给室内空间带来了一丝戏剧性。建筑的室内细部被设计成临时性的，目标是为了在以后有可能的拆除过程中不触及原有建筑的结构完整性。就像原来的管风琴一样，乌邦设想这一新的家具有可能在50年后被拆除，而这座建筑也将回到基督教要求的其起源时的状态。

1 Francine Houben, *Composition, Contrast, Complexity*, Birkhäuser, 2001, p.104

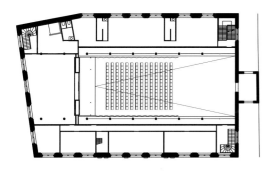

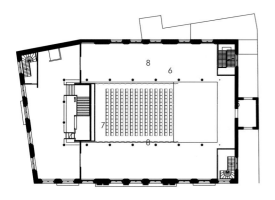

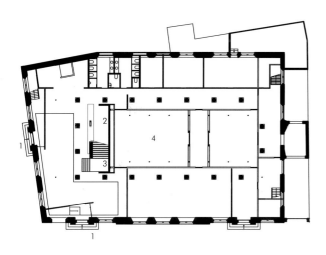

上图（上中下图）

三层、二层、一层平面图，交通循环、酒吧和礼堂都包含在建筑的结构中。

1　入口
2　酒吧
3　楼梯
4　排练室
5　平台
6　座位
7　音箱
8　窗帘和门厅

上图　在演出期间，柱廊可以涂黑，也可以将窗帘拉开，使光线洒满空间。

右中图　裸露的吊顶龙骨和二手家具强调了现有空间的原生态，这与新插入物的丰富多彩形成对比。

右图　室内的戏剧语言被当作临时屏幕的窗帘强化了。

最右图　构件中的楼梯是用金箔做的。

项　目：慕钦堡教堂与图书馆（Mücheberg Church and
　　　　Library）

设计师：克劳斯·布洛克（Klaus Block）

地　址：慕钦堡，德国

时　间：1997 年

左上图　新图书馆和办公室被设置于一个四层高的，坐落于老教堂中殿的一个容器中。

上图　这灰尘覆盖的容器从多个地方打开，使光可以渗入进去并且从内部看到外部。

左图　在 19 世纪早期，卡尔·弗里德里克·申科尔（Karl.Freiderich.Schinkel）曾为此建筑物加建，如新的入口门廊及哥特式钟塔等。

背景

克劳斯·布拉克重塑了这座位于柏林以东 30 公里（19 英里），慕钦堡城的圣玛丽教堂（Church of St Mary），目标是使它能更好地满足宗教活动需求，并将市政图书馆并入其中。

自 13 世纪以来，这里就有一座教堂，城镇的中心有一座小山丘。在 1817~1829 年间，这座教堂经历了由德国建筑师卡尔·弗里德里克·申科尔的一系列改造。包括增加的哥特式钟塔和新入口平台。慕钦堡的重要战略性意义在于它位于波兰与柏林之间，这也意味着在 1945 年，这座城镇被一批批前进与撤退的军队给压垮了，这使得教堂也失去了屋顶并变成了废墟。之后它一直保持着这个样子，直到 1991 年为其翻新举办的一个重建竞赛。

左图 储藏间与卫生间等服务空间都被设在了首层，并通过一些竖向打开的门进入其中，塔中的一部新电梯覆盖着灰色金属网，与外部弧形元素形成对比。

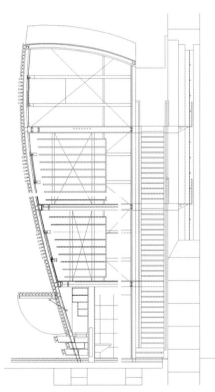

左上图 为了区分新与旧，楼梯布置在老建筑与容器之间。楼梯上面，阅览室向后连接着教堂的窗户。

上图 诸如金属框架、支撑，以及通过楼梯与原教堂之间的连接部分等结构构件在容器中的一个短剖面中暴露出来。

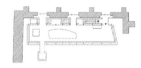

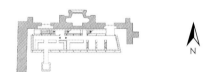

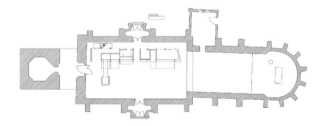

理念

一个关注现有建筑与其新需求的具有实用主义性质的方案赢得了本次竞赛。布拉克认识到这座小的社区教堂,除了特殊的盛会和节日外,并没有被充分利用。因此,这个与新图书馆共享空间的概念意味着两个功能共生的关系需要被建立起来。它们彼此之间的独立性也是需要被考虑的,同时它们在同一个空间中的相互依存的关系旨在使这座建筑再次成为社区的中心。

布拉克决定在一个独立的元素中容纳这个新图书馆,这个元素在教堂的中殿中占据主导地位。在德语中,"中殿"这个词也意味着"船",布拉克将新图书馆的主题词像把玩文字游戏一样从正式语言中衍生出来;新元素如同一艘船一样停泊在建筑之中。

组织

这个新的"容器"安置在中殿中,设计为四层。首层,从圣坛到中殿图书馆的基部,被从教堂中指明了出来,随着需求,集会人数可以在空间中上升、缩小,图书馆的低层部分包括了一些服务功能,如卫生间与储藏间等,同时为教堂与图书馆服务。它也允许从北侧门廊进入的来访者穿过或进入到这个空间之中。二层与三层承载着图书馆与社区办公室,第四层则容纳了议会的议事厅——一座会议室。垂直交通则采用了楼梯的形式,插入在了图书馆与教堂北墙之间的空隙上。它联合了所有楼层并简洁的区分开了老建筑与这一新的元素。一个新的独立的电梯塔,与图书馆的每一层用桥来联系,充当图书馆的弧形外墙的对位。这座塔通过重复其作为后加物的独立特质,引用了申科尔的钟楼。

上图 从上至下:展现钢框架结构和新元素内交通空间的贯穿建筑整体的剖面图;四层包含议事厅;三层包含图书馆;二层包含接待处、社区办公室和图书馆;首层展示了申科尔设计的北侧和南侧的新入口平台。

右图 这个神秘的容器用德语中的"中殿"(nave)这一词来阐释。"船"被"停泊"在教堂,似乎是被包含电梯的塔楼所支撑。坛桌在半圆形殿的右侧。

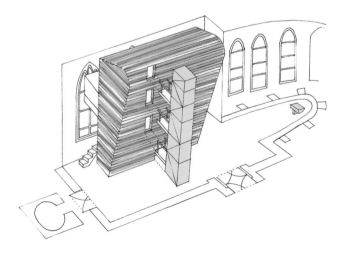

细部

这个新的室内插入物被构思成为一个巨大的向上升起占据空间的物体，并向他的宿主宣示着他的独立性。布拉克为确保其独立性运用了现代的材料，同时为其周边留有足够空间使人们将它解读为一个独立个体，这一元素的主体结构为钢铁框架。框架表面覆盖了水平边缘可以掀开的灰板条，当有需要时可以使光线射入并从内部玻璃表皮看见外面。

混凝土地面与钢铁支撑加固了主体结构，被图书馆的书架隐藏着。电梯体块被穿孔灰钢板所覆盖。斜倚的图书馆表面似乎被塔楼所支撑着。栏杆的竖向支撑被故意地从中心错开并向电梯塔偏移，这是为了展示出一种走道与图书馆之间的轻微接触。一些特殊的凹龛分布于交通空间之中并联系着图书馆主要楼层与现有的窗户。这都为阅读和沉思提供了场所。

教堂结构的修复导致了一个非同寻常的表面拼贴工艺。教堂的修缮不管是室内还是室外都不关注于遮挡或改进。这种不同寻常的拼贴工艺可以从建筑的上层被辨别出来。最初，这座教堂有着一个非常高贵的砖肋拱屋顶，这样的构件若是重修将会花费大量金钱，所以它被一个用木材与石材构成的构件所替代。不管如何，原肋拱屋顶下的壁柱被保留了下来，这都被当作雕塑一样让人们回忆起当年的这座老建筑。

1

2

3

4

顶部右图 1 二层图书馆接待处

右上图 2 楼梯之上，安静的阅览室直接连着教堂北侧墙上的哥特式窗户。

最右上图 3 残留的壁柱以及原来支撑肋拱架的砖石柱墩将维修教堂的拼贴工艺效果所放大

右图 4 新的祭坛桌让人联想到了新建的图书馆，这将教堂中的两个功能微妙的联系了起来。

项　目：圣马可文化中心（San Marcos Cultural Centre）

设计师：伊格纳西奥·门达罗·科尔西尼（Ignacio Mendaro Corsini）

地　点：托莱多，西班牙

时　间：2002 年

上图　淡白色的教堂内部设计了一个部分座椅被逐层抬高的会堂

左图　场地较低的部分被档案馆所抬升，其白色的墙面形成了托莱多城市广场（Civic Square）的边界。

背景

这座建于 17 世纪的圣马科斯教堂，坐落于托莱多市最高点上的一座建于 13 世纪的修道院旁边。1985 年，马德里（madrilène）设计师伊格纳西奥·门达罗·科尔西尼通过他设计的文化中心及城市档案馆，赢得了国际理念竞赛的第一名，以上两座建筑都将被设置在现有的建筑之中。

这座修道院创立于 1220 年，之后曾被毁坏，最后在 16 世纪中期被修复重建。另一座属于三位一体教派（Trinitarian oder）的早期西班牙巴洛克风格教堂，于 1628 年加建于修道院中。修道院及教堂在 19 世纪初期曾被用作兵营（barracks），这加速了它的转让，也使它在 19 世纪 60 年代遭遇到了近乎完全的损毁。场地随后被遗弃，直到 1980 年政府才收回了它并着手翻新工作。因为资金问题，这个项目直到 2002 年才被彻底建成。

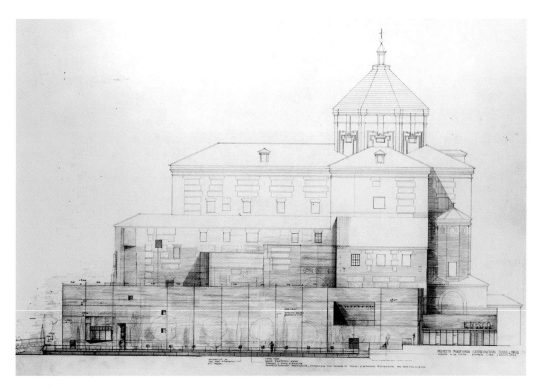

上图　毗邻广场的原生态和不妥协的百叶窗式混凝土墙被认为是适当的，因而成为罗马混凝土的起源。

顶图　多重历史背景以及场地的多个层次，对项目提出了很高的要求。圣马尔科斯教堂屹立在山丘的顶端而档案馆则安置在位置更低的斜坡上。

上图　档案馆的入口被设计成浮筑于修道院遗址的墙上。

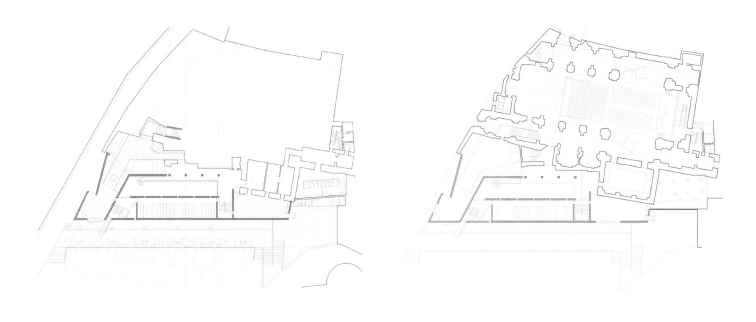

左上图 地下室平面图

右上图 首层平面图

左图 教堂与修道院的尺度以及场地的落差在剖面图中显而易见。教堂中的会堂被设置在中殿（nave）中，而展览空间则在两旁走道上。

理念

这个复杂的场地里有着早期犹太、基督教、伊斯兰教移民的建筑遗迹，而新的文化中心及城市档案馆就要被设置在这里。充满历史内涵的场地是比较常见的，但本次翻新设计的策略则聚焦于通过对新建物的谨慎规划来把已存在物单独保留起来。科尔西尼构想了一个由三部分组成的城市方案。首先，作为本项目起点的教堂说得上是一个废墟，需要在结构上进行加固。然后，就在附近，位于教堂西南侧，处于山丘更低一端的前修道院场地，需要被挖掘、分析并保护起来。最后，科尔西尼决定用教堂来承载带有大会堂和展览厅的文化中心，并将修道院作为档案馆的选址。因为场地的敏感性，任何被挖掘出来的历史遗迹都将被保留下来并纳入项目的规划之中。从另一个方面来说，任何新加进来的元素都应该具有鲜明的当代性，并戏剧性地通过材料区别出来。

组织

教堂有两个入口，一个在北面，可以穿过原来的大门，另一个则在南边。它完全适应于这个新的会堂，一排排且局部逐层抬高的座椅被固定在了中殿之中。展览空间则布置在会堂周边的走廊里。

在场地低一级位置上的档案馆则被包揽于一座紧靠教堂的建筑之中。这样的手法将旧修道院场地给独立了出来，并为邻近广场塑造出了一个边界。档案馆与教堂是通过一系列走道、桥，以及坡道连接起来的，他们之中有的穿过了开敞的庭院。在一堵遗留下来的

顶图 室内粗野的百叶窗式混凝土与钢铁，黄铜与木材形成了对比，抵消了空间中的生硬感。

上图 一层崭新的金属外皮对外强调了档案馆的主入口

细部

坚固的墙身背后，新档案馆通过现浇混凝土的方式实现了，这又为场地低一级位置和广场塑造出了新的边界。这表面粗野且形成反差的墙壁，正因为其材料的历史以及罗马的起源，被认为是一种合理的设计手段。通过建筑物西南角的一座浮筑于中世纪修道院基础之上的桥，可以穿过一个庭院进入到档案馆之中。来访者进入档案馆时会首先来到画廊，这一层可以俯瞰四层通高的阅览室。三层高的档案室则被设置在临近的墙的另一侧。一座造型优雅的楼梯螺旋而上，其表面覆盖了金属的表皮，连接着阅览室与档案馆。

通过简约的，有克制的手段，新建筑被谨慎地规划到了现有建构物之中。新旧之间仅仅通过材料的选用便被区分开来。[1]

教堂的室内被保留了下来并刷成了白色。用经氧化和油漆过的钢材建造而成的桥与楼梯，塑造出了新的流线，不仅保留着与档案馆之间的联系，还与教堂那破碎的、淡白色的中世纪室内空间形成了反差与对比。

为了仔细的保存场地中的历史遗迹，科尔西尼通过使用具有强烈反差效果的材料来区分新与旧。存在可能性的地方，考古遗迹同样也被纳入到了场地之中。挖掘过程中被发现的墙与楼层的碎片对项目的多个方面都带来了改变。旧修道院一堵残存的墙被融入到了低层处阅览室的墙上，同时老建筑的一部分楼板则为了档案馆的入口而保留了下来。在档案馆内部，粗野的百叶窗式混凝土与一些钢铁和铜制的细部对比了起来，这些都体现在了螺旋楼梯表面与栏杆上。室内地面则完全采用了木质。

1 Christian Schittich (editor), *Building in Existing Fabric*, Birkhäuser, 2003, p.42

左下图　修道院遗留下来的部分墙壁被暴露了出来，并融入到了连接教堂于修道院的楼梯侧墙上。

下图　档案馆的螺旋楼梯被钢铁所覆盖着。发掘过程中所发现的遗留物都被纳入到了建筑之中。

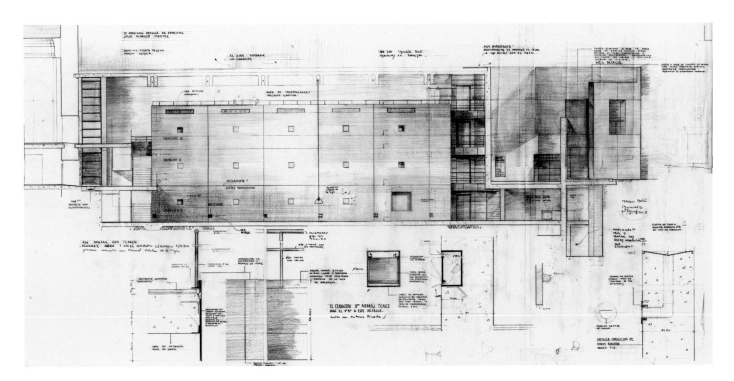

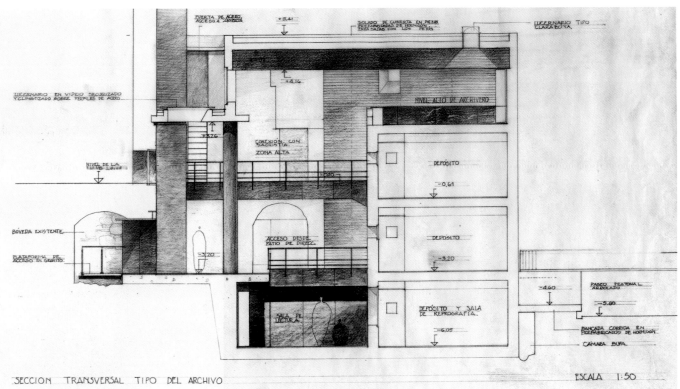

SECCION TRANSVERSAL TIPO DEL ARCHIVO   ESCALA 1:50

顶图 档案馆室内   上图 通过档案馆
混凝土墙立面，小孔 的短剖面。
口使光线进入空间。

项　目：建筑之家（Maison de l'Architecture）
设计师：查蒂尔-科巴森事务所（Chartier-Corbasson）
地　点：巴黎，法国
时　间：2003 年

上图　这个新的观众席被放置在陈旧的天主教修道院里的小教堂中间，其间安放了一些倾斜的座椅。

左图和对页图，左上图　这个新的礼堂地面可以提高 1 米（3 英尺）被当作一个表演的舞台或降落至地面下，提供一个完全自由的空间。视听和声音设备被高高挂在墙壁的孔洞上。

背景

这个现有的建筑曾经是一个天主教堂的修道院，建立于17世纪。自1973～1990年间，这个大型的主要空间被用作建筑学院。直到2000年，一个将它改造为文化、艺术和建筑中心的计划通过之前，这里被搬空和闲置。这个设计团队被委托重新配置一个现有的930平方米（1000平方英尺）的空间，部分容纳图书馆，礼堂，咖啡厅和行政办公用房。

理念

现在的建筑显示了以前不同地点的连续地层，我相信，我们的建议会在一个操作的形式下进行，以这样一种方式存在的建筑，能够被每个人清晰可辨，这是一个合乎历史逻辑的结果。[1]

档案馆与图书馆是知识和历史文化宝库的承载物，将它们安置在合适的建筑内，所容纳的层层叠叠的历史，可以使信息和空间之间发生丰富而复杂的对话。

在巴黎，17世纪的天主教修道院从一个建筑学院，改造成为带有多功能文化中心，聚焦于图书馆，它的灵活空间与固定不变的空间是完全相悖的。

Chartier - Corbasson 认为，这个富有历史的现有建筑能让他们制定一个重塑现有空间的计划。他们开始追溯这座建筑以前丰富的历史，没有哪里的积累和表面是最密集和最持久的。这导致了建筑的沉淀，为了将它处理成可以安置一系列现代设备的背景墙，塑造了凝固的表面和营造了旧的空间氛围。

左图 新的耐候钢的运用，被设想为一系列的"补丁"，用来连接的新旧建筑。

上图 走进礼堂，接近了在钢架平台上的倾斜座椅。

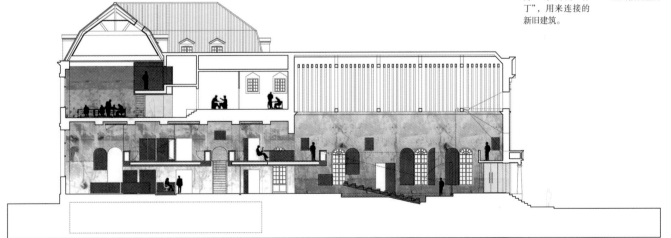

组织

内部围绕主教堂建造，它位于 L 形建筑物的后面并朝向街道。中心的入口来自贾丁维莱明（Jardin Villemin）花园，它从位于巴黎火车北站（Gare du Nord）前面的雷哥列派街（Recollets）进入。入口是偏轴的，访客需要从走廊进入一个相邻的双高度房间，作为教堂的扩展开发，它有一组大型钢制门直通教堂。接待和学习空间融入酒吧区，其本身与花园相通。会议室和服务台等单元空间以及电梯都位于接待台后面。在链接循环上头有个宽敞的阁楼，可以用作展览空间或学习空间。

曾经的小教堂现在是一个灵活的礼堂空间，不管是正式的还是非正式的讲座或者表演都可以在这里进行。通过巧妙的楼层平面进行改造，这片空间可以使用下列三种方式中的任何一种。它可以设置为一个简单地从地板升起大约 1 米（3 英尺）的舞台式平台；它也可以调整为倾斜的座位；当不使用时，可以陷入地面，留出自由的空间以便灵活使用。房间后面的一个阁楼为放映员、声音和视觉工程师提供了空间。

面向宽广的花园，位于二楼的图书馆，安装了一个双高的空间。

顶部右图　二层平面
1 图书馆阅读室
2 夹层

中部右图　首层平面
1 夹层连接
2 图书馆会议室

右图　底层平面
1 入口
2 接待室
3 小教堂
4 酒吧 / 咖啡厅
5 会议室

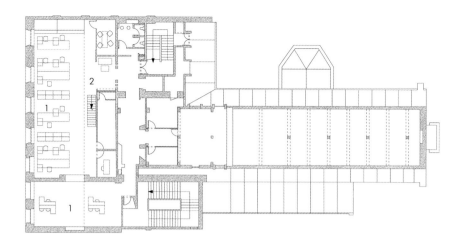

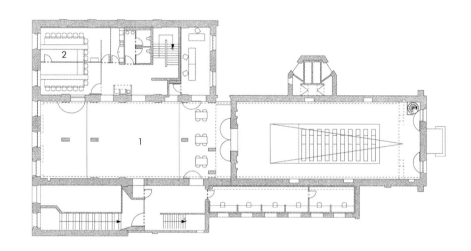

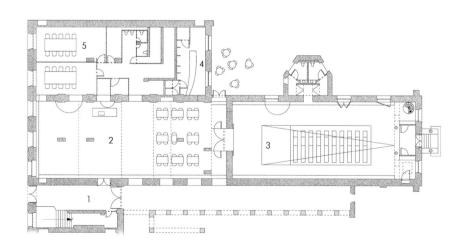

细部

历史的韵味可以从被岁月蚀刻的建筑物的墙壁感受出来，新插入的混凝土、钢和玻璃，这是设计师保留和利用的作为背景的一种美学。他们将空间中的新增内容描述为"补丁"，这些元素旨在成为建筑物历史与其新用途之间的联系。

设计师使用了柯尔顿钢，这是一种预制钢，将过去与现在连接起来，与现有的建筑物的现有表面相对立。它用于制作所有房间的娱乐桌和吧台，门和百叶窗，包括教堂，构成二楼图书馆夹层楼的幕墙。

由材料的重量引发的问题，使设计师设计的一组超标铰链，使得百叶窗和门可以轻易移动。为容纳投影和声音设备所造在教堂壁中的孔洞，被电池板覆盖。这些都可以根据在礼堂中举办的不同活动而进行简单的重新配置。

顶图 酒吧的柯尔顿钢与入口室墙的粗糙表面形成对比，它位于主大厅的一个小空间，通往露台

上图 故意破坏的内部外观，是通过宽阔的上层夹层的接待空间的引导信息。

顶图 科尔顿钢屏幕运行的长度与图书馆夹层的长度是一致的。艺术性的墙壁空间与现代家具体系形成对比。

上图 教堂的入口从一个精选的高钢门的大开口中显露出。

1 Chartier-Corbasson explaining the concept behind the building, cited at http://www.archdaily.com/66716/maison-de-l'architecture-chartier-corbasson

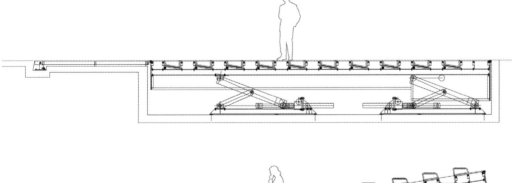

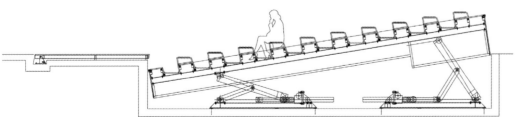

左图 礼堂的地板采用液压操作，很像平台升降机。

项　目：建筑文献中心和演讲厅（Architectural Documentation Centre and Lecture Hall）

设计师：耶稣阿巴里西奥吉萨多和赫芬埃洛萨事务所（阿巴里西奥＋费尔南德斯艾罗兹）Jesús Aparicio Guisado and Hector Fernández Elorza（Aparicio+Fernándz Elorza）

地　点：马德里，西班牙

时　间：2004 年

上图　上方的礼堂位于混凝土通道内，设置成狭长的地下室

左图　通过插入在卡斯蒂利亚大道柱廊，用新的钢铁和玻璃门制作的拱门，是演讲厅的道路入口

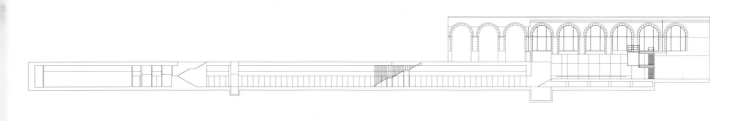

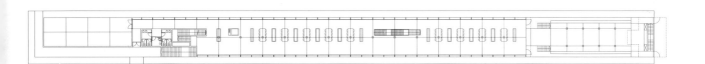

背景

这项工程基于在马德里中心地区已有的单层古典主义拱廊设计。该拱廊连接到马德里（Nuevos Ministerios），西班牙公共工程和都市生活部。新的住房使用区也被扩展到一条废弃地铁隧道，这条隧道曾构成建筑之下的地下火车站的一部分。

塞昆迪诺索菲亚（Secundino Zuazo），雄伟的马德里的建筑师，于1933年设计了该拱廊。1945年，较低高度的拱廊作为马德里低下铁路系统的延伸段被建造。20世纪80年代，这个拱廊中的一部分被亚历山大女王（Alejandro de la Sota）改造为一个展览厅。

当工程正处于可行性评估阶段，探索性施工推行之时，这条地下铺设的隧道又被重新发现了。这是一个改变了设计师规划的发现，这个发现令他们发掘出这个地下建筑并重新将空间上下层相连接，尽管在工程中也需要容纳细长的沟渠。

理念

组织该设计和建筑的两大主要理念：第一，也是对于任何在平衡、自然或文化环境中的建筑改造中基本的一点，只有在完全必要时才改变现有状态。这样，空间才能被激活，才能够在采纳建议项目的同时实现有质有量的改变。第二，为了给予空间以最大灵活性，它必须适应不同可能的用途——作为一间资料档案室、会议厅和展览厅。[1]

该建筑使用一种坚固的部署，这种部署一方面对主体部分的任何改变都强调了一种外科手术式的精确性，另一方面它保证了空间一旦被发现，就可以被再利用。

主体空间的独特部分加固了这条道路，这是由于任何新的插入物都被建造用于装入其中。较高高度的拱廊是29米长，8.5米宽，13.9米高。这条隧道空间的地下部分也量出有8.5米宽，但只有4.7米高，167米长，整体长度的大部分位于展览位置以下。

因此这份再利用的部署是基于对主体建筑（host building）变化的直接反应——一种导致新的因素通过特征标准和显存建筑形式被定义的方法。

顶图 长长的形体表示出柱廊下通道的长度

上图 地下的格局是教堂边座在左边，观众席设置在右边

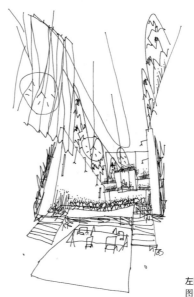

左图 设计师在草图中表达空间氛围

组织

设计师把主要展厅放置上层空间，文档中心地下室和演讲厅位于地下隧道。上下层不幸的分离，被去除地面楼板的柱廊补救。拆除这层楼连接铁路中心总站。地板和支撑拱顶的拆除，破坏了建筑结构的完整性。为了挽救这一点，建筑师将一个新的混凝土渠道引入地下室。这个结构元素，不仅可以容纳演讲厅，而且反过来还能作为挡土墙支撑空间。为了增加主立面的元素，混凝土隧道被设置在远离这个空间的墙壁处，同时，让服务设备，如照明和电器设施等被隐藏在后面。

进入这个空间，被设计了两种方式：从卡斯蒂利亚大道（Paseo de la Castellana）走来，通过一个沉重的钢制门，可直接进入演讲厅。这个独立的入口可被用作演讲或举办大型活动。

该中心的主要入口是通过柱廊，从而导致在地下礼堂通过柱廊，是该中心的主入口，先经过展览和存档的空间，再进入地下礼堂。从街道口引入的人流进入演讲空间，走在铁制的走廊上可以眺望下层的礼堂。他们通过楼梯下到地下室，路过放映室和讲座演绎的空间。

顶部左图 拆除上层的楼板为礼堂营造了一个高高的采光空间

顶部右图 柱廊的上部楼层的窗户能被一个巨大而沉重的黑窗帘掩盖住，牵动整个空间效果

左图 厚的混凝土墙不仅加固了建筑物的结构；它还能为让服务设备如照明和电器设施，提供隐藏在后面的空间

上图 从街道口可以直接进入地下室，通过钢架连接的楼梯、放映厅、声音设备和演艺厅，游客们可以下降到这个空间

细部

这座建筑的内部以未加装饰和不妥协的方式已经完成，装有百叶窗的混凝土墙暴露在外与现有建筑建造过程中形成的划痕形成对比，室内的墙面均没有饰面或抹灰。相反，未经处理的表面，形成不一样的审美，使新旧达成统一。

所有加入到建筑内部的新部分都以相同的方式处理。教堂空间包含于混凝土通道中，钢架入口和后勤区域由未经处理的钢和玻璃组成。地下的展览空间是由混凝土"托盘"插入到长而窄的空间形成的。使用那些用于清除铁路隧道损坏的表面的动力锤的斑纹，来增加混凝土的纹理。一种新的楼梯形式是由未经处理的金属细杆连接到平金属踏板而形成。为了弱化韧性，抑制这些空间普遍存在的隔声问题，在观众席周边设置沉重的黑色窗帘，所有的投影面都呈现暗面。阿恩·雅各布森（Arne Jacobsen）设计的椅子是为观众而准备的，呈线性排列和人工照明巨大玻璃球，形成神秘的空间感。

1 Aparicio + Fernández Elorza, *Architecture + Urbanism*, February 2006, p.60

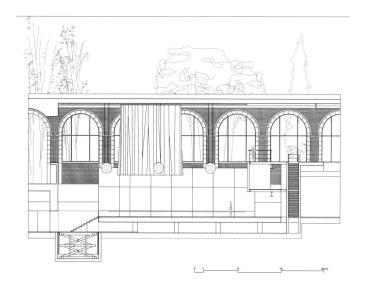

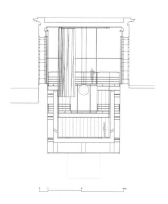

上图 本段详细说明通道和窗帘的细部，沿着可以升降的平台，以便于进入教堂

右图 新礼堂是为了适应现有的空间通道而建造

右上图 U形混凝土通道位于地下室，支撑着空间的墙壁

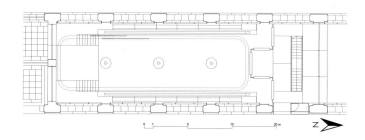

右图 粗糙的墙壁和新的钢楼梯与地下室的抛光混凝土地板形成对比

项　目：舰队图书馆（Fleet Library）
设计师：莫尼卡·庞塞·德利（Monica Ponce de Leon）和
　　　　纳德·德黑兰尼（Nader Tehrani）（dA 事务所）
　　　　（Office dA）
地　点：普罗维登斯，美国
时　间：2006 年

顶图　有着筒形拱顶的宏大规
模的银行大厅已经成为一个新
图书馆的一个主要空间要素

上图　主体建筑形成一个能容
纳 250 个学生并可以在此借到
近 10 万册新书和刊物的精心制
作的背景

背景

建于 1878 年，罗德岛设计学院（Rhode Island School of Design）的舰队图书馆（Fleet Library）是美国最古老的大学艺术图书馆。学校获得罗德岛医院信托银行（Rhode Island Hospital Trust Bank）后，罗德岛设计学院委托 dA 事务所为图书馆创建一个新家。罗德岛医院信托银行这个被列入保护文物的主体建筑由约克（York）和索耶（Sawyer）在 1917 年设计而成。它包含一个巨大的筒形拱顶的大厅，有 55 米 ×35 米（180 英尺 ×114 英尺），顶上有华丽的花格镶板拱形天花。新图书馆促进这间大学的发展，它包括占用这个在大厅上方的旧的办公空间的九层新的学生宿舍。图书馆内通过电梯，各个空间打造出亲密的联系。

理念

我们想保持原来银行大厅的规模，所以我们决定设置两个部件就好像他们是在古老遗迹中的两个轻松的要素。[1]

设计师被要求重新使用现存的建筑为了实现这个新的更大的图书馆项目。这包括在开放的书架上容纳 10 万册书和 400 个期刊名称，同时要求 250 个学生有学习和工作的场地。除此之外这个图书馆需要多媒体空间来使用丛书和日常管理人员使用的行政办公室。

现有建筑在国家历史文物保护单位名册（National Register of Historic Places）中，因此设计师的策略是新的内部空间不能大程度的影响原有建筑，也就是意味着要求所有的新设备能够随意安置或拿走。dA 工作室决定将主体建筑当作是一个精致的背景，两个新的楼阁被安置在主要的大厅中。这个楼阁被设计用新加的一层来扩大大厅，其中一个空间将会增加一个现代共鸣系统。两个阁楼都会设计成临时外观，与永久的意大利风格的（Italianate）装饰相对立的特点。因为靠近学生宿舍，设计师决定将大厅当作宿舍的一个增加部分，并且在图书馆内建立一个日常社交中心或"起居室"（living room）。这一想法希望将每个不愿来图书馆学生都吸引至此。

左图 两个新楼阁包括布置在大厅里的服务、办公和学习的空间。一个日常的"休息间"（lounge）在它们之间，来吸引在图书馆上方的宿舍里的学生。

上图 两层的学习楼阁，在更高处有一个可当作桌椅的"台阶"（terrace）。

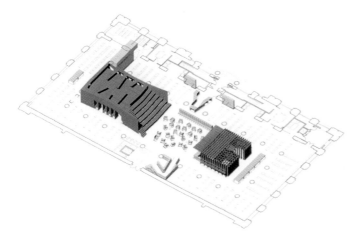

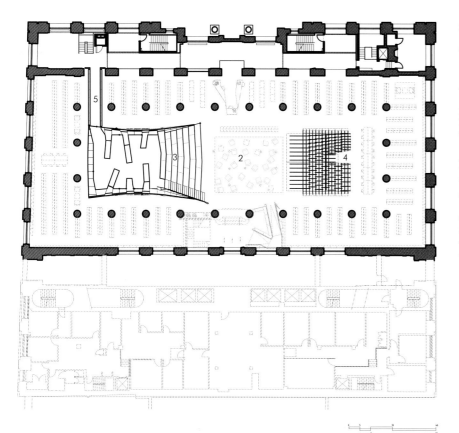

左图 二层平面图。学习场馆的顶部有一个架桥连接图书馆的中间层

左下图 首层平面图。入口通过主要走廊或电梯连接上方住宅的大厅。场馆和中心"休息间"布置在主要大厅，书架围绕着柱子以行列式排布。静区布置在大厅的边缘。
1 入口
2 "休息室"
3 学习楼阁
4 咨询台
5 往上层的架桥

组织

图书馆的主入口直接面向宿舍的电梯，这加强了学生的生活和学习两个区域的联系。设计师利用轴线组织大厅并且将两个楼阁集中放置在中心两端。在两个楼阁之间并且直接由电梯访问是一个日常使用的"休息间"，在"休息间"里有椅子、散布的桌子还有良好的灯光环境。这些都被安放在鲜艳的"地毯"（carpet）和浅褐色的软木地板上。这片舒适的、日常使用的区域是居住空间的延伸，也是学生进入建筑的第一个地方。它有意地和大厅的形式语言形成对比。

图书馆新的程序化要求确保了银行大厅的规模和高度的充分利用。学习楼阁将其占用空间最大化。双层高度的结构有一个更高的台阶，它通过一个楼梯和座位的斜度地结合，设计提供了一个非正式聚会或上课的观众席。在这"平台"（terrace）下面的一层是会议室，利用场馆的墙壁进行隔声。场馆顶层是一个学习"平台"，它连接一个架桥，通向一个更高的图书馆规定的现有平台和学习空间。如果有学生被这个大厅的豪华排场分心的话，这些地方会是一个回避处。出借处和咨询台被放在一个一层楼阁当中，在这楼阁地边缘有一连串的旋转架放置有电脑终端。

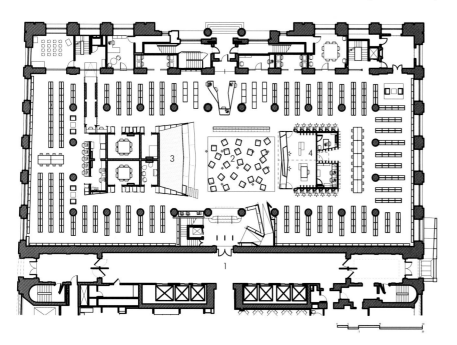

细部

现有建筑的结构修复成和原来那样壮丽。大理石柱子和天花重绘成和最初设计的颜色一样。项目预算的限制使得选择廉价的材料，但效果很好。选用 MDF（medium density fiberboard）因为其具有可延展性、可持续性和低成本等特点。场馆采用钢结构被覆上数控路径中密度纤维板（CNC-routed MDF）嵌板。组成学习楼阁两侧的嵌板切割成学习小隔间。而咨询台楼阁被制造为容纳计算机终端的壁龛。著名作家和思想家的名字与面板尺寸不同的字母一起被刻出，这使楼阁墙免于看起来过于巨大。棕色的软木板地面采用多种"集料"（'aggregated'）形式并且用颜色描述静态空间和通向内部的路线。这种材料被选用来减弱大空间内的回声；它的声学性能也是可延展性和可持续性的补充。

1 Monica Ponce de Leon, Office dA, quoted in *Architectural Record*, June 2001, p.200

上图 在行政场馆的咨询台。

左下图 一个以两倍作为一个斜度的座位，学生可以在这听课，同时是一个通向高处的通道。

中下图 学生可以在许多场所回避大厅的宏伟，比如说在学习场馆旁边的小房间。

右下图 大厅中间层的场地通过一个廊桥与学习楼阁的顶部连接。软木地面被刻在地面上用来表示新旧之间的联系。

项　目：卡伊夏美术馆（CaixaForum）

设计师：赫尔佐格和德梅隆建筑事务所（Herzog & de
　　　　Meuron）；帕特里克·布兰克（Patrick Blanc）[垂
　　　　直花园（vertical garden）]

地　点：马德里，西班牙

时　间：2008 年

上图　表现力极强的拉丝钢楼梯
连接底层平面到二层平面的入口 /
接待处和售票处。

左图　屋顶和一层地面的移除和
现有窗户的封闭，增强了建筑的
戏剧性同时增加可用地面空间和
建筑与公共广场的联系。

背景

La Caixa 是西班牙的一家慈善储蓄银行，拥有和经营着社会文化推广项目（Social and Cultural Outreach Projects），其项目专注于绘画、音乐、戏剧和文学。与在巴塞罗那（Barcelona）的一个建筑相似，这个新建的卡伊夏美术馆位于马德里，实现对现存建筑一次创造性的再次利用，原有建筑是一个位于马德里中心地区的废弃发电站。设计师打算增加2000平方米（21500平方英尺），比原有建筑面积增加了5倍，这一想法是为了能布置新的展览空间和相关的功能。

中央发电站（Central Eléctrica de Mediodía power）是由耶稣·卡拉斯克·穆尼奥斯·恩斯科（Jesús Carrasco-Muñoz Encina）在1900年建成的。它联系着普拉多大道（Paseo del Prado）。这是一条与普拉多博物馆（Prado）和提森·波涅米萨博物馆（Thyssen-Bornemisza）和雷纳·索菲亚博物馆（Reina Sofia Museums）相连的有名大道，这条路在一个加油站旁边。

理念

我们需要创造公共空间来建造公共建筑。[1]

卡伊夏美术馆是利用一个双管齐下的战略去实现的：重构建筑的城市规模，并增加建筑的体积容量以容纳得下必要的空间，使艺术画廊能够有效地运作。

在 La Caixa 银行收购了相邻的加油站的情况下，设计师接受了设计新美术馆的委托。在对加油站的拆除后，设计师能新建一个公共广场，它连接着这个地块和在普朗多大道里声望很高的相邻建筑，并且，反过来它与广大群众能产生联系。为了提升视觉感，在建筑的山墙面端（在广场一侧的墙）覆盖成一个垂直花园。2000多株250多不同种类的植物直接种植在上面，与马路对面的植物公园有个一个视觉呼应。

通过有效地挖去发电站的内部来获得建筑在适用体积上的极大增长，它原来的花岗石基柱被移除，这使得新的公共广场能无缝渗入建筑的内部。从街道到这个空间的中心形成一个新的广场。

老建筑的砖外表皮，完整的窗台和线脚暗示着内部空间并不存在；在开放式的大空间有巨大的涡轮，那些涡轮是为马德里这一区域提供电力用的。赫尔佐格和德梅隆通过用砖砌封窗户、在减少外立面顶部和底部的表皮而成为一个漂浮的砌体帷幕，使得外立面更加虚幻。脱去建筑屋顶，取而代之是一个生锈的钢表皮，其外轮廓基于相邻建筑的天际线。

上图 二层接待空间包括售票处和书店。

右上图 新的广场连接建筑和普拉多大道（Paseo del Prado）。一个巨大的垂直绿色花园覆盖在相邻建筑的山墙端上，来强调新的广场。

右图 拆除建筑物较低的柱基创造了一个公共空间，融入广场和城市中。

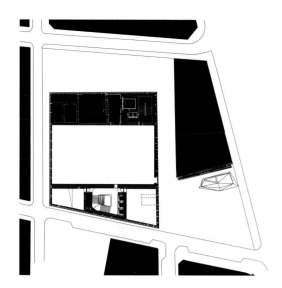

左图 三层平面图。为适应画展的变动，每个画廊地板都可以调节。

左中图 二层平面图。中心楼梯（2）对面是接待处（3）。商店（4）在平面的左边。

左下图 一层平面图。建筑内部开始在街道的边缘，并通过中心楼梯（1）进入建筑入口。

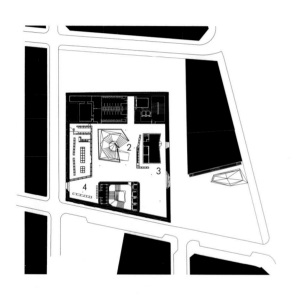

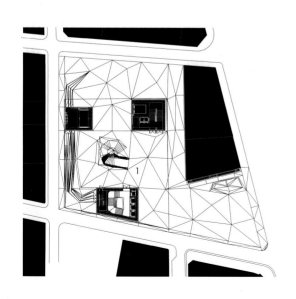

组织

可以对场地和建筑物的强大改造允许设计者以两种方式合理地分配该工程。为进行活动（演讲或其他活动）的空间和服务（停车、机器车间）在新广场的下方和地下室。建筑一层上方增加了新的楼层，建筑入口、画廊、餐厅和办公室放置与此。场地的一层设计成一个公共空间，上部和下部分离，提供户外表演和一间合适的咖啡馆。竖向的流线由两个有着表现力的楼梯组织起来。最引人注目的是从具有流动感的建筑底下进入的时候，和由一个戏剧性的、弯曲的拉丝钢楼梯，这个楼梯连接地下室、一层和二层。主楼梯是一个混凝土结构楼梯贯穿建筑所有的楼层。

在立面上切割出两个新的开口，对应着二层的大厅和三层的多功能间。砖砌立面增加了建筑神秘的个性同时确保画展环境能容易把控。具有流动感的建筑外形是通过紧靠着内部砖制作一个混凝土衬层。这通过对角桁架连接，其中一些桁架跨越 33 米，到三个竖向流线核心。

细部

新材料的可靠的战略补充了与现有建筑的稳固性。建筑沉重的新屋顶覆盖上巨大的穿孔钢板。而不是考登钢（Corten）、预生锈和预风化钢板。设计师想要生锈在这种材料上进行，允许滴下微红的雨水和在侵蚀砌体下部。屋顶底下是咖啡厅，从这里能看见建筑被钢附层随机的图案掩饰。同时，阳光能从金属板的丝网中渗透进来。

明亮、耀眼的二层大厅和金属的通道楼梯对面的沉重漆黑的底下入口广场。二层大厅中蔓延着交错纵横的荧光灯，不锈钢地板及裸露的结构；大厅俏皮的空间抵消了下面空间的沉重感。折叠钢楼梯是底层"洞穴"（'cave'）的多面钢拱的延续。核桃家具挂在顶棚电缆上，悬在空间中形成售票处和商店。画廊是一个大和高顶棚的中性空间，拥有白色的墙壁、橡木地板以及可调光的照明。任何形式的展览配置都适用

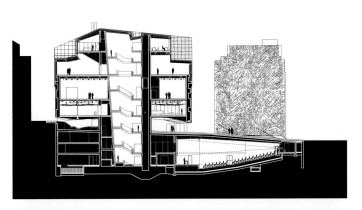

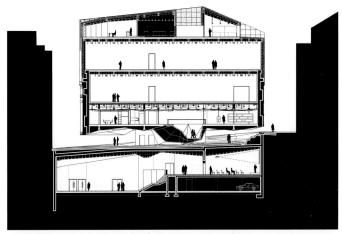

顶部左图 游客能通过主楼梯进入不同的楼层,包括底层的大礼堂。

左图 画展的每个房间都可以利用不同的方式布置不同规模的展览。

左上图 混凝土楼梯贯穿建筑所有楼层。

上图 光斑通过屋顶延伸部分的穿孔钢板反射到咖啡厅中。

顶部右图 公共流线由街道延续到建筑下方,并进入到中心地区,新的楼梯通向明亮的二层。

推荐读物

GENERAL

Alfoldy, Sandra, and Helland, Janice, *Craft, Space and Interior Design 1855–2005* (Farnham, Surrey: Ashgate, 2008)

Benjamin, Walter, *The Arcades Project* (Cambridge, Massachusetts: Harvard University Press, 2002)

Bourdieu, Pierre, *Distinction: A social critique of taste*, (Cambridge, Massachusetts: Harvard University Press, 1984)

Bourriaud, Nicolas, *Postproduction. Culture as Screenplay: How Art Reprograms the World* (New York: Lukas and Sternberg, 2010)

Breitling, Stefan, and Cramer, Johannes, *Architecture in Existing Fabric* (Basel: Birkhäuser, 2007)

Brooker, Graeme, and Stone, Sally, *Rereadings. Interior Architecture and the Principles of Remodelling Existing Buildings* (London: RIBA Enterprises, 2004)

Brooker, Graeme, and Stone, Sally. *From Organisation to Decoration: A Reader For Interiors* (London: Routledge 2012)

Casson, Hugh, *Inscape* (Oxford: Architectural Press, 1968)

Chang, Chuihua Judy, Inaba, Jeffrey, Koolhas, Rem, and Leong, Sze Tsung (eds.), *Harvard School Guide to Shopping* (Cologne: Taschen, 2001)

Corbusier, Le, *Vers Une Architecture* (first published 1923)

Debord, Guy, *The Society of the Spectacle*, no. 168 (Detroit, Michigan: Black & Red, 1983)

Duffy, Frank, *The Responsive Office: People and Change* (Streatley-on-Thames, Berkshire: Steelcase–Polymath, 1990)

Duffy, Frank, *The New Office* (London: Conran Octopus, 1997)

Edwards, Clive, *Interior Design: A critical introduction* (London: Berg, 2010)

Forty, Adrian, *Objects of Desire, Design and Society Since 1750* (London: Thames and Hudson, 1986)

Harvey, David, *The Condition of Postmodernity* (Oxford: Blackwell, 1990)

Hollein, Hans, and Cooke, Catherine, *Vienna Dream and Reality 1870–1930* (New York: St Martin's Press, 1995)

Hughes, Philip, *Exhibition Design* (London: Laurence King, 2010)

Jenkins Keith, *Re-Thinking History* (London: Routledge, 1991)

Kiesler, Friedrich, *Designer* (Ostfildern: Hatje Cantz, 2005)

Kracauer, Siegfried, *The Mass Ornament. Weimar Essays* (Cambridge, Massachusetts: Harvard University Press, 1995)

Kroloff, Reed, *Architecture by the Numbers: Winka Dubbledam and the Mathematics of Performance Design* (New York: Princeton Architectural Press, 2006)

Kurtich, John, and Eakin, Garret, *Interior Architecture* (New York: Van Nostrand Reinhold, 1996)

Littlefield, David, and Lewes, Saskia, *Architectural Voices. Listening to Old Buildings* (Hoboken, New Jersey: Wiley, 2007)

Lorenc, Jan, Skolnick, Lee, and Berger, Craig, *What is exhibition design?* (Hove: Rotovision, 2007)

Onions, C.T., *The Shorter Oxford English Dictionary – On Historical Principles*, third edition (Oxford: Oxford University Press, 1972)

Powell, Kenneth, *Architecture Reborn. Converting Old Buildings for New Uses* (London: Laurence King, 1999)

Rice, Charles, *The Emergence of the Interior* (London: Routledge, 2007)

Robert, Philippe, *Adaptations: New Uses For Old Buildings* (New York: Princeton Architectural Press, 1989)

Rojek, Chris, *Capitalism and Leisure Theory* (London: Tavistock Publications, 1985)

Salcedo Doris, *Doris Salcedo* (London: Phaidon, 2000)

Schittich, Christian, *Creative Conversions. Building in Existing Fabric. Architecture in Detail* (Basel: Birkhäuser, 2003)

Scott, Fred, *On Altering Architecture* (London: Routledge, 2008)

Short, Robert, *Dada And Surrealism* (London: Laurence King, 2008)

Sparke, P., Massey, A., Keeble, T., and Martin, B. (eds.), *Designing the Modern Interior: From the Victorians to Today* (London: Berg, 2009)

Woodward, Christopher, *Cafés and Bars. The Architecture of Public Display* (London: Routledge, 2007)

HOME

Ambaaz, Emilio, *Italy the New Domestic Landscape. Achievements and Problems of Italian Design*, exhibition catalogue (New York: Museum of Modern Art, 1972)

Benton, Tim, *The Villas of Le Corbusier 1920–1930* (London: Yale University Press, 1987)

Bourriaud, Nicolas, *Postproduction. Culture as Screenplay: How Art Reprograms the World* (New York: Lukas & Sternberg, 2002)

Brino, Giovanni, *Carlo Mollino: Architecture as Biography* (London: Thames and Hudson, 2005)

Cohen, Jean-Louis, *Le Corbusier Le Grand* (London: Phaidon, 2008)

Colomina, Beatriz, *Sexuality and Space* (New York: Princeton Architectural Press, 1999)

De Alba, Roberto, *Paul Rudolph The Late Work* (New York: Princeton Architectural Press, 2003)

Evans, David, *Appropriation* (Cambridge, Massachusetts: MIT Press, 2009)

Ferrari, Fulvio and Napoleone, *The Furniture of Carlo Mollino* (London: Phaidon, 2006)

Ferrari, Fulvio and Napoleone, *Carlo Mollino–Arabesques* (Milan: Electa, 2007)

Frampton, Kenneth, and Vellay, Marc, *Pierre Chareau – Architect and Craftsman* (London: Thames and Hudson, 1985)

Kalkin, Adam, *Architecture and Hygiene* (London: Batsford, 2002)

Kries, Mateo, and Von Vegesack, Alexander (eds.), *Joe Colombo – inventing the future* (Weil am Rhein: Vitra, 2005)

McLean, Will, *Quik Build, Adam Kalkin's ABC of Container Architecture* (London: Bibliotheque McLean, 2008)

Morris, Alison, *John Pawson: Plain Space* (London: Phaidon, 2010)

Ranalli, George, *Buildings and projects* (New York: Princeton Architectural Press, 1988)

Sudjic, Deyan, *John Pawson Works* (London: Phaidon, 2005)

Wood, Ghislaine, *Surreal Things: Surrealism and Design* (London: V&A Publications, 2007)

WORK

Breitling, Stefan, and Cramer, Johannes, *Architecture in Existing Fabric. Planning, Designing, Building* (Basel: Birkhäuser, 2007)

Duffy, Francis, *The New Office* (London: Conran Octopus, 1997)

Futagawa, Yukio, *Steven Holl* (New York: GA Document Extra, 1996)

Garofalo, Francesco, *Steven Holl* (London: Thames and Hudson, 2003)

Holl, Steven, *Anchoring* (New York: Princeton Architectural Press, 1989)

Hudson, Jennifer, *Interior Architecture: From Brief to Build* (London: Laurence King, 2010)

Hudson, Jennifer, *Interior Architecture Now* (London: Laurence King, 2007)

Myerson, Jeremy, and Ross, Philip, *Space To Work. New Office Design* (London: Laurence King, 2006)

Myerson, Jeremy, and Ross, Philip, *The Twenty-first Century Office* (London: Laurence King, 2003)

Nicholson, Ben, *Appliance House* (Cambridge, Massachusetts, MIT Press, 1990)

Powell, Kenneth, *Architecture Reborn. Converting Old Buildings for New Uses* (London: Laurence King, 1999)

Robert, Philippe, *Adaptations: New Uses For Old Buildings* (New York: Princeton Architectural Press, 1989)

Tagliabue, Benedetta, *EMBT Work in Progress* (Barcelona: COAC, 2005)

RETAIL

Barthes, Roland, *Empire of Signs* (originally published in 1970)

Beltramini, Guido (ed.), *Carlo Scarpa: Architecture Atlas* (Vicenza: Centro Internazionale di Studi di Architettura Andrea Palladio, 2006)

Bock, Ralf, *Adolf Loos: Works and Projects* (Milan: Skira 2007)

Brooker, Graeme, and Stone, Sally, *Context and Environment* (London: AVA Academia, 2008)

Chung, Chuihua Judy, Inaba, Jeffrey, Koolhas, Rem, and Leong, Sze Tsung, *The Harvard Design School Guide to Shopping/Harvard Design School Project on the City 2* (Cologne: Taschen, 2002)

Dal Co, Francesco, and Mazzariol, Giuseppe (eds.), *Carlo Scarpa: The Complete Works* (New York: Rizzoli, 1985)

Fitoussi, Brigitte, *Showrooms* (New York: Princeton Architectural Press, 1988)

Gravagnuolo, Benedetto, *Adolf Loos* (London: Art Data, 1982)

Gruneberg, Christoph, and Hollein, Max, *Shopping – A Century of Art and Consumer Culture* (Ostfildern: Hatje Cantz Publishers, 2002)

Jencks, Charles, *Architecture Today* (San Francisco: Harry Abrams, 1988)

Los, Sergio, *Carlo Scarpa* (Cologne: Taschen, 1994)

Los, Sergio, *Carlo Scarpa: An Architectural Guide* (Verona: Arsenale Editrice, 1995)

Manuelli, Sarah, *Design For Shopping: New Retail Interiors* (London: Laurence King, 2006)

Olsberg, Nicholas, *Carlo Scarpa: Intervening With History* (New York: Monacelli Press, 1999)

Opel, Adolf (ed.), *Ornament and Crime – Selected Essays* (Riverside, California: Ariadne Press, 1998)

Pettena, Gianni, *Hans Hollein – Works 1960–1988* (London: IDEA Books, 1988)

Patteeuw, Veronique, *Fresh Facts: The Best New Buildings by Young Architects in the Netherlands* (Rotterdam: NAi Publishers, 2002)

Ramakers, Renny, *Less More: DROOG Design in Context* (Rotterdam: 010 Publishers, 2002)

Ramakers, Renny, and Bakker, Gijs (eds.), *DROOG Design: Spirit of the Nineties* (Rotterdam: 010 Publishers, 1998)

Saito, Yutaka, *Carlo Scarpa* (Tokyo: TOTO Shuppan, 1997)

Stewart, Janet, *Fashioning Vienna: Adolf Loos' Cultural Criticism.* (London: Routledge, 2000)

Tagliabue, Benedetta, *EMBT Work in Progress* (Barcelona: COAC, 2005)

Vernet, David, and de Wit, Leontine, *Boutiques and Other Retail Spaces – The Architecture of Seduction* (London: Routledge, 2007)

DISPLAY

Anderson, Maxwell, *L. Scanning: The Aberrant Architectures of Diller and Scofidio* (New York: Whitney Museum of American Art, 2003)]

Beltramini, Guido (ed.), *Carlo Scarpa: Architecture Atlas* (Vicenza: Centro Internazionale di Studi di Architettura Andrea Palladio, 2006)

Bezombes, Dominique, *La Grande Galerie du Muséum National d'Histoire Naturelle* (Paris: Les Editions du Moniteur, 1994)

Dal Co, Francesco, and Mazzariol, Giuseppe (eds.), *Carlo Scarpa: The Complete Works* (New York: Rizzoli, 1985)

Dernie, David, *Exhibition Design* (London: Laurence King, 2006)

Diller, Richard, and Scofidio, Elizabeth, *Flesh–Architectural Probes* (New York: Princeton Architectural Press, 1994)

Fehn, Sverre, *The Poetry of the Straight Line* (Helsinki: Museum of Finnish Architecture, 1992)

Huber, Antonella, *The Italian Museum: The Conversion of Historic Spaces into Exhibition Spaces* (Milan: Edizioni Lybra, 1997)

Hughes, Philip, *Exhibition Design* (London: Laurence King, 2010)

Lepik, Andres, *OM Ungers. Cosmos of Architecture* (Ostfildern: Hatje Cantz, 2006)

Molinari, Luca, *Diller + Scofidio + Renfro. The Ciliary Function. Works and Projects 1979–2007* (Milan: Skira, 2007)

Norberg-Schultz, Christan, and Postiglione, Gennaro, *Sverre Fehn – Works, Projects, Writings 1949–1996* (New York: Monacelli Press, 1998)

Ungers, OM, and Vieths, S., *The Dialectic City*, (Milan: Skira, 1997)

Weston, Richard, *Plans, Sections and Elevations. Key Buildings of the Twentieth Century* (London: Laurence King, 2004)

LEISURE

Almaas, Ingerid Helsing, *Vienna: Objects and Rituals. Architecture in Context* (Cologne: Ellipsis/Konemann, 1997)

Bangert, Albrecht, and Riewoldt, Otto, *New Hotel Design* (London: Laurence King, 1993)

Billcliffe, Roger, *Charles Rennie Macintosh. The Complete Furniture, Drawings and Interior Designs* (Cambridge: Lutterworth Press,1979)

Brooker, Graeme, and Stone, Sally, *Context and Environment: Site & Ideas* (London: AVA Publishing, 2008)

Bock, Ralf, *Adolf Loos: Works and Projects* (Milan: Skira 2007)

Crawford, Alan, *Charles Rennie Mackintosh* (London: Thames and Hudson, 1995)

Fitoussi, Brigitte, *Hotel* (Paris: Les Editions du Moniteur, 1992)

Grafe, Christoph, and Bollerey, Franziska, *Cafés and Bars: The Architecture of Public Display* (London: Routledge, 2007)

Gravagnuolo, Benedetto, *Adolf Loos* (London: Art Data 1982)

McDermott, Catherine (ed)., *Plans and Elevations: Ben Kelly Design* (London: Phaidon, 1990)

Opel, Adolf (ed.), *Ornament and Crime – Selected Essays* (Riverside, California: Ariadne Press, 1998)

Risselda, Max (ed.), *Raumplan Versus Plan Libre: Adolf Loos and Le Corbusier 1919–1930* (New York: Rizzoli, 1988)

Pevsner, Nikolaus, *Pioneers of Modern Design: From William Morris to Walter Gropius* (Harmondsworth: Penguin, 1984)

Savage, Jon, *The Haçienda Must Be Built* (London: International Music Publications, 1992)

索引

CULTURE

Billcliffe, Roger, *Charles Rennie Mackintosh. The Complete Furniture, Drawings and Interior Designs* (Cambridge: Lutterworth Press,1979)

Breitling, Stefan, and Cramer, Johannes, *Architecture in Existing Fabric. Planning, Designing, Building* (Basel: Birkhäuser, 2007)

Curtis, William J. R., *Modern Architecture since 1900* (London: Phaidon, 1996)

Frampton, Kenneth, *Modern Architecture: A Critical History* (London: Thames and Hudson, 1992)

Houben, Francine, *Composition, Contrast, Complexity* (Basel: Birkhäuser, 2001)

Lasdun, Denys, *Charles Rennie Mackintosh: A Personal View*, cited in Patrick Nuttgens (ed.), *Mackintosh and his Contemporaries in Europe and America* (London: John Murray, 1988)

Macaulay, James, *Glasgow School of Art. Charles Rennie Mackintosh. Architecture in Detail* (London: Phaidon, 1993)

Minguet, Josep Maria, *Building Refurbishment* (Barcelona: Instituto Monsa Ediciones, 2009)

Mostaedi, Arian, *Building conversion and renovation* (Barcelona: Carles Broto and Josep Ma Minguet, 2005)

Pevsner, Nikolaus, *Pioneers of Modern Design: From William Morris to Walter Gropius* (Harmondsworth: Penguin,1984)

Powell, Kenneth, *Architecture Reborn. Converting Old Buildings for New Uses* (London: Laurence King, 1999)

Schittich, Christian (ed.), *Building in Existing Fabric* (Basel: Birkhäuser, 2003)

Thiebaut, Pierre, *Old Buildings Looking For New Use* (Berlin: Edition Axel Menges, 2007)

图片来源

Specified drawings are supplied courtesy of Josephine Howes and Lizzie Munro. All other architectural drawings are supplied courtesy of the respective architects and remain the © copyright of the architects, unless otherwise specified. These drawings are for private reference and not for third-party reproduction.

All reasonable attempts have been made to clear copyright and attribute the image credits correctly, but should there be any inadvertent omission, or error, the publisher will insert the appropriate acknowledgement in subsequent printings of the book.

Front cover and endpapers: Olivetti Showroom by Carlo Scarpa, FAI. ©2012. Mark E. Smith/Scala, Florence
Back cover: American Bar by Adolf Loos. AKG-images/ Erich Lessing
6: Courtesy of COUSSÉE & GORIS Architecten: photographer Wim Van Nueten
7: Practice Architecture
8tl: Graeme Brooker
8tr: Surface Architects
9t: Lehrer Architects / Benny Chan/Photoworks
9b: Alberto Ferrero
10: © Associazione Archivio Storico Olivetti, Ivrea, Italy / Mario Giacomelli
11: Allan Wexler
12: Nigel Dickinson / Alamy
13tl: AKG Images / Ullstein Bild
13tr: Courtesy Toyo Ito & Associates, Architects
13b: John McCann / RIBA Library Photographs Collection
14tl: Estate of Gordon Matta-Clark on deposit at the Canadian Centre for Architecture, Montreal / © 2012 Estate of Gordon Matta-Clark / Artists Rights Society (ARS), New York, DACS, London
14tr: Combread Works / www.cornbreadworks.nl / Zecc Architects / www.zecc.nl
15: © Paul Warchol Photography
16t: © Jordi Sarra Arau
16b: © Michael Carapetian. Photographer
17: By kind permission of Professor Kenneth Frampton
18t: By kind permission of Professor Kenneth Frampton
18bl+br: © Jordi Sarra Arau
19t+b: © Jordi Sarra Arau
20tc+tr: © Michael Carapetian. Photographer
20br: © Jordi Sarra Arau
21t: © Michael Carapetian. Photographer
21br: By kind permission of Professor Kenneth Frampton
22t: L2-5-22-001 © FLC / ADAGP, Paris and DACS, London 2012
22b: L2-510-001 © FLC / ADAGP, Paris and DACS, London 2012
23tl: 33406 © FLC / ADAGP, Paris and DACS, London 2012
23tr: 17439 © FLC / ADAGP, Paris and DACS, London 2012
24t: 17438 © FLC / ADAGP, Paris and DACS, London 2012
24b: 17441 © FLC / ADAGP, Paris and DACS, London 2012
25tc: L2-5-33-001 © FLC / ADAGP, Paris and DACS, London 2012
25tr: L2-5-32-001 © FLC / ADAGP, Paris and DACS, London 2012
25cr: L2-5-18-001 © FLC / ADAGP, Paris and DACS, London 2012
25br: L2-5-16-001 © FLC / ADAGP, Paris and DACS, London 2012
26t: Courtesy Museo Casa Mollino
26b: Drawn by Lizzie Munro
27–9: Courtesy Museo Casa Mollino
30–3: Studio Joe Colombo, Milan
34t+b: Nick Wheeler / Architectural Digest
35t+b: George Ranalli Architects
36: Drawings: George Ranalli Architects
36cr+br: George Ranalli

37tl+tr+b: George Cserna
38t+b: Peter Aaron / OTTO
39c: LC-USZ62-123771 Paul Rudolph Archive/Library of Congress, Prints & Photographs Division
39b: LC-USZ62-123770 Paul Rudolph Archive/Library of Congress, Prints & Photographs Division
40tl: LC-USZ62-123773 Paul Rudolph Archive/Library of Congress, Prints & Photographs Division
40cl: LC-USZ62-123774 Paul Rudolph Archive/Library of Congress, Prints & Photographs Division
40bl: LC-USZ62-123775 Paul Rudolph Archive/Library of Congress, Prints & Photographs Division
41tc+tr+br+bc: Peter Aaron / OTTO
42t+b: © Richard Glover / VIEW
43: © John Pawson
44: Drawings: © John Pawson
44b: © Richard Glover / VIEW
45tl+c+b: © Richard Glover / VIEW
46–49t: Peter Aaron / Esto
49b: Courtesy of Adam Kalkin
50t+b: Emma Cross
51t: Courtesy of Multiplicity
51b: Drawn by Josephine Howes
52: Multiplicity
53tl+b: Emma Cross
53tr: Sonal Dave architect ©Multiplicity
53c+c: Tim O'Sullivan architect ©Multiplicity
54: Frank Lloyd Wright (1867–1959): Larkin Company Administration Building. Interior court view. 1905. Scottsdale (AZ), The Frank Lloyd Wright Foundation. © 2012. The Frank Lloyd Wright Fdn, AZ / Art Resource, NY/Scala, Florence. © ARS, NY and DACS, London 2012.
55tl: Paul Tolenaar for ReUrba 2 courtesy of Matthew Lloyd Architects
55cl: © Gerald Zugmann / www.zugmann.com
55tr: © Deidi von Schaewen / www.deidivonschaewen.com
56tl: Courtesy of FAT
p56tr: Hans Jürgen Landes / courtesy Behnish Architekten – Stefan Behnish, Martin Haas, David Cook
57: Fielden Clegg Bradley studios
58–60: Quickborner Team, Hamburg
62t+b: Ferran Freixa
63t: Miralles Tagliabue EMBT
63b: Ferran Freixa
64: Miralles Tagliabue EMBT
65tl+tr: Ferran Freixa
66t+b: © Richard Davies
67tl+tr+cr+cl: © Powell-Tuck, Connor & Orefelt
66br: © Richard Davies
68tl+tr: © Powell-Tuck, Connor & Orefelt
69tl+tr+cr+cl: © Richard Davies
70t+tr: © Paul Warchol Photography
71–2: © Steven Holl Architects
73bl+br: © Paul Warchol Photography
74t+b: Courtesy Brooks + Scarpa / © Marvin Rand
75: Drawn by Josephine Howes
76–7: Courtesy Brooks + Scarpa / © Marvin Rand
78t+b: © Duccio Malagamba
79tl+tr: © Duccio Malagamba
79cr+br: Miralles Tagliabue EMBT
80: Drawn by Josephine Howes
81: © Duccio Malagamba
82t: Klein Dytham Architecture
82b: Drawn by Lizzie Munro
83: Klein Dytham Architecture
84tr+cr: Klein Dytham Architecture
84b: Klein Dytham Architecture
85tl+tr+cr+cl: Klein Dytham Architecture
85b: Klein Dytham Architecture
86: © Kilian O'Sullivan / VIEW
86c: SURFACE Architects
86bc: SURFACE Architects
87tl: SURFACE Architects
87tr: © Kilian O'Sullivan / VIEW

87br: SURFACE Architects
88: SURFACE Architects
89tc+tr: © Kilian O'Sullivan / VIEW
89bc: SURFACE Architects
90: TopFoto
91tr+cr: AKG-Images
91br: © 2012 Austrian Frederick and Lillian Kiesler Private Foundation, Vienna
92tl: John Maltby / RIBA Library Photographs Collection
92tr: © Peter Cook / VIEW
93t: Amin Linke / amin@aminlinke.com / © OMA/ DACS 2012
93cr: David Grandorge / courtesy of 6a Architects
g93br: Comme des Garçons
94t: Albertina, Vienna / www.albertina.at
94b: ORCH Chemollo / RIBA Library Photographs Collection
95tr: ORCH Chemollo / RIBA Library Photographs Collection
96: Drawn by Lizzie Munro
97tl+tc: Albertina, Vienna / www.albertina.at
97bl+bc: ORCH Chemollo / RIBA Library Photographs Collection
98t+b: © Associazione Archivio Storico Olivetti, Ivrea, Italy / Mario Giacomelli
99tl+tc: Drawn by Josephine Howes
99br: © Associazione Archivio Storico Olivetti, Ivrea, Italy
100cl: © Associazione Archivio Storico Olivetti, Ivrea, Italy / Ugo Mulas
100br: © Mark E. Smith Photography
101t+b: © Associazione Archivio Storico Olivetti, Ivrea, Italy / Paolo Monti
102t+b: Atelier Hans Hollein / Franz Hubmann
103tl+tr+cl: Atelier Hans Hollein
104t: Atelier Hans Hollein
104bl+br: Atelier Hans Hollein / Franz Hubmann
105bl+br: Atelier Hans Hollein / Franz Hubmann
106t+b: © Hiroyuki Hirai
107t+b: Kuramata Design Office
108–9: © Hiroyuki Hirai
110: DROOG
111t: Drawn by Lizzie Munro
111b: DROOG
112–13: DROOG
114–17: Courtesy of William Russell/Pentagram
118t+b: © Duccio Malagamba
119: Miralles Tagliabue EMBT
120bc+cr: Miralles Tagliabue EMBT / Alex Gaultier
121tl: Miralles Tagliabue EMBT / Alex Gaultier
121tr: © Inigo Bujedo Aguirre / VIEW
121bl: © Duccio Malagamba
122t: Comme des Garçons
122b: © Ed Reeve / VIEW
123t: Comme des Garçons
123b: © Ed Reeve / VIEW
124–5: Comme des Garçons
126t+b: Roos Aldershoff
127: Merkx + Girod
128cr+br: Roos Aldershoff
128c+bl: Merkx + Girod
129: Roos Aldershoff
130: INTERFOTO / Alamy
131tl: Installation view of the exhibition 'Machine Art' (MoMA 1934). New York, Museum of Modern Art (MoMA). Photo by Wurts Brothers; IN34.2 ©2012. Digital image. The Museum of Modern Art, New York/ Scala, Florence
131tr: © 2012 Austrian Frederick and Lillian Kiesler Private Foundation, Vienna
132tl: © Collection Artedia / VIEW
132bc: Kurt Schwitters Archives at the Sprengel Museum Hannover / photographer: Wilhelm Redemann, Hannover / repro: Michael Herling / Aline Gwose, Sprengel Museum, Hannover © DACS, London 2012
132bl: © Fondazione Franco Albini
133b: Atelier Hans Hollein / Georg Riha

作者致谢

　　本书的出版得到了许多人士的帮助与支持。我要感谢布莱顿大学（University of Brighton）的 Anne Boddington 教授和 Catherine Harper 博士（现为东伦敦大学院长—University of East London）提供我学术休假的机会，以便于完成本书的主要工作。感谢 Laurence King 出版社的 Philip Cooper 和 Liz Faber 全程一贯的支持，同时要感谢他们的幽默配合以及随时提供需要帮助的热心。

　　非常感谢 Sophia Gibb 提供的图片研究和极其细致的工作，感谢她找到了许多项目的珍贵照片，甚至她还准确地查找出了更加难以寻觅的对应的摄影师和设计师。我也要感谢 Henrietta Heald 和 Vanessa Green 在示范编辑和设计工作中善意的质疑和偶尔温和的劝慰，以及 Kim Sinclair 的成稿工作。我要感谢所有的设计师、摄影师和档案管理员对本书的出版做出的贡献，尤其要感谢 VIEW 图片社和 Yvette Langrand，感谢她如此热心地全力提供了巴黎毕加索博物馆（Picasso Museum）和罗兰·西穆内（Roland Simounet）作品的相关资料。

　　我也要向在布莱顿 "Wunder-kammer" 工作室的学生表示感谢，特别感谢 Josephine Howes 和 Lizzie Munro 以大量图片形式展示项目的突出贡献。我也要感谢所有曾经在卡迪夫（Cardiff）和曼彻斯特（Manchester）的学生，以及目前在布莱顿的学生，他们参加过我的 "10 rooms" 系列讲座。这些系列讲座包括了 "1900 年以来的室内设计精品"（Key Interiors Since 1900）的起源，这些学生甚至包括那些在后面睡觉的学生，以这种或者其他的方式，提供了他们对本书观点的反馈意见。

　　最后，感谢 Claire 的耐心和包容，以及在项目期间给予的一些关键性的感叹词。

译者简介

　　谢天：女，1974 年出生于江西省大余县，博士，高级工程师，江西理工大学建筑与测绘工程学院聘任教师。翻译的作品有《建筑写意——建筑师的创意》、《探究室内与设计的真谛》等。